U0180727

Web 前端性能优化

陈铎鑫◎著

北京大学出版社
PEKING UNIVERSITY PRESS

内 容 简 介

　　本书以性能优化为着重点，深入浅出、全面详细地介绍了Web前端性能优化所涉及的方方面面，回答了为何要做性能优化，性能优化从何处着手，以及性能优化的过程需要考虑到哪些问题等，既有相应的原理性分析，又有重要知识点总结，同时结合相应的案例分析与实践，让读者深刻地体验到性能优化所带来的好处与自身编程能力提升的成就感。

　　本书集合了多位优秀前端工程师的工作经验与交流心得，实用性极强。既是前端进阶读者的一本实用手册，也是前端入门读者的综合性知识体系介绍书籍。除性能优化之外，书中还涉及行业面试时一些常见的原理分析、代码重现，同时也介绍了前端工程化中所包含的一些基础知识、基础工具等。

图书在版编目(CIP)数据

Web前端性能优化 / 陈铎鑫著. — 北京：北京大学出版社，2020.3
ISBN 978-7-301-31168-4

Ⅰ.①W… Ⅱ.①陈… Ⅲ.①网页制作工具②超文本标记语言－程序设计
Ⅳ.①TP393.092.2②TP312.8

中国版本图书馆CIP数据核字(2020)第022645号

书　　　名	Web前端性能优化
	WEB QIANDUAN XINGNENG YOUHUA
著作责任者	陈铎鑫　著
责 任 编 辑	吴晓月　　王蒙蒙
标 准 书 号	ISBN 978-7-301-31168-4
出 版 发 行	北京大学出版社
地　　　址	北京市海淀区成府路205号　100871
网　　　址	http：//www.pup.cn　　新浪微博：@北京大学出版社
电 子 信 箱	pup7@pup.cn
电　　　话	邮购部 010-62752015　发行部 010-62750672　编辑部 010-62570390
印 刷 者	河北滦县鑫华书刊印刷厂
经 销 者	新华书店
	787毫米×1092毫米　16开本　16印张　329千字
	2020年3月第1版　2020年3月第1次印刷
印　　　数	1-4000册
定　　　价	58.00 元

前
言

INTRODUCTION

 ## 为什么要写这本书?

当下的互联网飞速发展，Web 前后端的发展也日新月异。在整体的系统应用层级上，后端出现性能问题后影响较大，优化后性能提升的效果也更加明显。后端性能优化方面的书籍非常多，从应用到服务再到数据储存，各类方案也非常齐全，而很多前端性能优化的书籍在内容上却不全面。很多职场人士在工作中需要做性能优化时，往往需要求助资深前辈，或者查找碎片化信息，非常浪费时间。

鉴于此，本书通过原理分析＋案例实践的方式，深入浅出地从各个性能优化的点出发，将点汇聚成线与面，再构成自身的知识网络，系统而全面地回答了为什么做性能分析，如何做，最终达成怎样的效果等需要考虑和权衡的实际问题。本书旨在让读者对性能问题的分析有所思考，并最终有所得。

 ## 本书有何特色?

1. 性能优化的实用性书籍

本书全面系统地介绍了性能优化可能出现的问题，并逐步优化与实践，既是前端高手的一本实用性方案手册，也是前端入门与进阶人士的一本实战指南。

2. 理论阐述 + 工具使用

本书除对性能优化的各个方面做了详细的解答之外,还讲解了前端调试与工具的使用、工程化理念、新技术的创新,以及用户体验的重要性。

3. 代码剖析 + 实战案例

本书除对所涉及的技术点做原理分析、代码剖析重现之外,还加入了一定量的实战案例,让读者在做中有所学,在学中有所思。

4. 技术支持 + 售后服务

本书专门的技术支持信箱为 3302839534@qq.com。读者在阅读本书过程中,如有任何疑问都可以通过该邮箱获得帮助。

 # 本书内容及知识体系

第1篇　用户体验（第1章）

本篇主要是以一个产品经理的角度解释用户在整个产品生命周期里的重要作用,而性能优化则是提高用户体验的一件法宝。

第2篇　宏观上的俯瞰（第2～3章）

本篇主要从前端技术选型、项目繁简、运行环境,以及前端所用到的基础技术,如HTML、CSS、JavaScript 本身的特性来宏观地感知可能出现性能问题的点。

第3篇　分条目详解性能优化（第4～8章）

本篇从可能出现性能问题的点出发,分门别类地从结构层、样式层、行为层、资源、渲染、交互请求、数据结构、缓存等方面,深入浅出地对性能问题做分析、排查、定位,并提供相似解决方案,同时辅以案例,使读者加深对性能优化的理解与掌握。

第4篇　好用的前端工具与新技术（第9～11章）

本篇详解了包括 Chrome 等前端开发工具的调试、问题定位等前端实用技能,也介绍了包括前端工程化自动构建工具如 Grunt、Gulp、Webpack 等的特性对比及打包流程,同时也详细介绍了一些较新的技术框架下性能的提升,并从原理上做分析与代码重现。

第5篇　前端思想与案例分析（第12～13章）

本篇主要讲述性能优化时所需的思考与权衡（性能优化的过程中并非只有绝对的 0 和

1，有时候需要做一定的取舍），同时也做了相应的综合性案例分析，对前面所提的性能优化点做一次综合性的校验。

 ## 适合阅读本书的读者

- 前端进阶人士；
- 需要较为系统地掌握前端开发的入门人士；
- 想往全栈方向发展的后端工程师；
- 前端开发工程师；
- 希望提高项目开发水平的人士；
- 计算机培训机构学员；
- 软件开发 PM；
- 需要一本性能优化方案查询手册的人士。

 ## 阅读本书的建议

- 没有任何前端基础的读者，建议先看完第 1 章，明白性能优化的重要性之后，再按照案例复现效果，慢慢吃透原理性的知识点，分步骤学习。
- 有一定前端基础的读者，可根据实际情况选择性地重点阅读其中的各个模块。
- 对于有较高水平的前端工程人士来说，本书可作为一本性能优化方案手册，随时翻看。
- 对于一门技术性的科目而言，"做"带来的好处远远大于"看"，多动手实践才是真谛。

创作者说

　　我们竭尽所能地为您呈现最好、最全、最新的内容，但技术日新月异，难免有疏漏和不妥之处，敬请广大读者不吝指正。若您在学习过程中产生疑问或有任何建议，可以通过下方 E-mail 与我们联系。您还可以扫描下方二维码，关注"博雅读书社"微信公众号，我们将定期发布相关文章。

　　投稿信箱：pup7@pup.cn

　　读者信箱：2751801073@qq.com

温馨提示：在微信公众号中，我们为读者提供了丰富的图文教程和视频教程，请读者输入资源下载码67890，免费获取各种公共资源，以随时随地给自己充电学习。

博雅读书社

目 录

CONTENTS

第 **1** 篇 用户体验

第**1**章 用户体验

极致的用户体验是每一位前端开发、交互设计师的梦想，更是每一位软件开发者的追求。

用户体验（User Experience，UE/UX），是用户在使用产品的过程中产生的纯主观的感觉。一个产品，酷炫的界面、灵敏的反应、简单易上手的界面操作，甚至仅仅是直观明朗的信息展示，都能给用户一个好的体验。

笔者一直认为，好的前端工程师、UE/UX 交互设计师都是心理学家，能很好地把握用户心理，揣摩用户的使用习惯，并把这些需求融入产品中。

本章主要想阐述以下几点内容。

- 用户体验是一种说不清道不明的感觉，却决定着产品的命运。
- 前端在用户体验中有怎样的作用。

1.1 何为用户体验

在用户的眼中，什么样的产品才是好产品，什么样的产品用起来是一种享受而非负担？本节主要以用户的视角来看产品，以用户的感官来谈体验。

1.1.1 用户关注点

用户选择一款产品，可能是因为社交或生活需求，也可能是为了娱乐体验……产品能解决用户的潜在问题是关键。淘宝、天猫和京东之所以兴起，是因为这些网络平台给人们带来了购物上的便利，这是实体店无法满足的条件。微信、QQ 之所以盛行，是因为它们带来了更方便、更智能化的社交方式；抖音短视频之所以火爆，也是因为单纯的文字或语音已无法满足人们对于某个场景的描述、某种心得的分享。这些都是最基础，也最关键的东西——用户基本的诉求得到最大化的满足，如图 1.1 所示。

实际的应用场景中，用户是分很多层次的，层次不同，用户关心的内容也不一样。

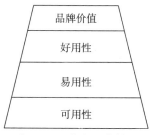

图 1.1 用户体验阶梯图

当你没钱时，布衣芒履，保暖即可；粗茶淡饭，吃饱就行。这时候产品解决的就是最基础也最重要的层次——可用性。

当你有点钱时，你希望衣服不用自己织；去买即可，饭不用自己做，点外卖就行。这时产品不仅需要解决你的需求，还在一定程度上给你带来了便利——易用性。

当你有闲钱时，你希望衣服不仅不用自己做，还要好看；饭不用自己做，还要好吃。这时产品解决的就不仅是需求与便利，更像是一种享受——好用性。

当你非常有钱时，此时你关注的已不再是已成为标配的好看和好吃的产品，而是能彰显你的品位，符合你身份的产品。这时产品就升级成了品牌——品牌价值。

正因为用户有多个层次，很多时候适合他的不一定适合你，就像美图秀秀，在很多爱自拍的女孩眼里，简单操作几次，就能让自己的照片变美，她们肯定很喜欢；但在专业的设计师眼里，可能他们更加喜欢用 PS、AI 等专业软件。

时代在变，用户的关注点也在变。抓住用户的痛点，解决问题，产品就能成功。

还记得曾经的移动电话费、短信费很贵，打个电话、发条短信都要犹豫良久。那时的 QQ 还不流行，更没有微信，中国移动推出的飞信一度成为市场上最热门的通信工具，因为用它发短信不用花钱，这对于当时的人们来说算是一个福音，飞信解决了用户的痛点——无法随心所欲地交流。

后来 QQ 日益盛行，体量逐步庞大，但用户渐渐被各种乱七八糟的功能晃花了眼，加之 QQ 对用户隐私并没有过多地关注，导致用户流失。

这时用户的关注点虽还在社交，却更喜欢用一种简单，并且能更好地保护自身隐私的方式，分享身边的人与事，而这个关注点孵化了现在的微信。微信能获得如此巨大的成功，也正是因为它解决了用户最迫切的关注点。

所以，任何一个产品，脱离了基本的需求保障谈体验，都是不切实际的。

1.1.2 用户的产品使用意愿

产品在保障了基本的核心体验、可用性后，还需要做哪方面的提高呢？面对市场上繁多的同类产品，用户会如何选择产品呢？

实际上很多时候决定某个产品生死的是用户对产品的第一印象，一眼看去这个产品怎么样，可能触发以下三种不同程度的情感体验：

哇，好 cool…（喜欢）；

看着还不错，听说这个产品有这种功能，试试看（一般）；

好丑啊，不好看（讨厌）。

美的人与事物都会给人一种享受，第一印象体现的是人类对美的一种认识，是人的眼睛对美好事物的捕捉。

用户会因为产品的高颜值而喜欢一款产品，愿意尝试使用它，甚至愿意在产品出现各种小问题时自觉地为它找借口，但如果只有颜值而无其他特点，用户会渐渐忍痛放弃这款产品而选择其他的产品，哪怕第二次选择的产品第一眼看上去并没有多么惊艳。现在提倡的不是 UI（User Interface，用户界面），而是 UX，UX ≠ UI，颜值仅仅是体验的第一步。

图 1.2 所示为用户较常见的关注点。

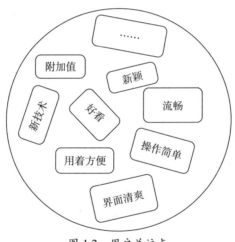

图 1.2　用户关注点

现代化的设计有一个极简原则，人的大脑会将初次见到的事物理解成容易记忆的对象，或在记忆中搜索类似的知识去解释它们（易于掌握的事物会让用户在潜意识中感到安全）。

界面足够清晰，简单而有条理非常重要。用户使用一个产品或浏览网页时，他更加希望的是所见即所得，简单的界面一眼看去心旷神怡，并且能快速获取信息。当然这并非绝对，但绝大多数场合，简单比眼花缭乱更好。

操作流程简单，易掌握，让每一位用户都使用方便。支付宝能有如此多的用户，也是因为操作方便。所以简洁的界面，极简的流程设计都是让用户产生好感的方式。

产品用着流畅、画面跳转快捷、有黑科技、高附加值等也是产品的亮点与用户的选择点，更是产品蜕变为品牌的必经之路。苹果手机销量长期占据各类手机的综合排行榜首位，利润更是占据整个手机行业很高的份额，其中很重要的原因就是苹果系统用户体验很好，即使很贵，用户也愿意埋单。

再举个例子，对于"重度强迫症患者"来说，微信朋友圈未读消息的红点真的是"罪大恶极"，但其实有时候，这种潜意识的引导才是最高明的方式，是在告诉用户，他还有未读的消息，他每天会重复 N 次打开朋友圈，下拉刷新，用户做这些操作时其实并没有被强迫的感觉，或者说这种感觉微弱，几乎可忽略不计。

同样作为聊天工具，用微信发一条消息给对方，不会显示对方是否已读，而钉钉则会，这是产品的定位决定的。微信的处理方式基于人人都希望自己有私人空间，例如，有时候看到一些较为尴尬或不想回复的事情，可以默默地当作没看到而不会被知晓。而钉钉更多的时候是用于工作，这时候强调的是责任，也许是上级派发任务，也许是同事间协作，对于通知者而言，此时此刻，更在意的是被通知者是否真的已经阅读了该消息。有一个这样及时的反馈，才不会总担心通知被漏读。

当然，对于上面的问题，有人会说微信一点反馈都没有，也会有人说钉钉一点隐私都不留。两个软件各自有各自的应用场合，这样的处理方式实际上算是恰到好处。用户在做选择的时候也肯定更愿意用钉钉来辅助工作，用微信来分享生活。

1.1.3 拴住用户的心

我们能给予用户什么？凭什么用户愿意持续地依赖你？

我们能给予用户的是资源，是解决他们某方面需求的产品。比如，滴滴所对应的司机、乘客；淘宝、天猫所对应的购物；饿了么、美团所对应的周边生活；微信、QQ 所对应的社交分享。所有的软件都仅仅是载体，核心是资源。

软件本身并不能带来什么，它只是用户通往资源的通道。这个通道富丽堂皇也好，泥泞蜿蜒也罢，在路的远方一定有我们的期待，而这期待就是基石。当两条通道都能达到一样的目的时，才有下一步道路的选择。

那通道本身是不是就不重要了？不，很重要。社会上，能整合这些资源的人或团队很多，用户不仅要解决需求，他们更希望享受路上的风景。大到如微信、支付宝这样几乎人人都在用的产品，小到个人运营的公众号，想长久留住用户，资源是前提，这也是为什么一些优质的公众号强调的是原创——没有资源，那就创造资源。

在产品设计中，有一个菲兹定律，完成某件任务的时间会被距离远近和目标大小所影响，也就是我们所说的亲密性原则。用户是很懒的，他希望产品智能化，能懂他，所以一个好的设计是相关性的东西以适当的距离靠在一起，减少用户的操作。

有一个家用台灯的设计是这样的：它的底座是感应重力的托盘，当用户回家，把钥匙往托盘一丢，灯开了，走的时候，拿起钥匙，灯关了，减去了用户按开关这一步骤。另一个设计是酒店的延迟关灯：人离开房间，拿走房卡的时候，灯并未立刻灭掉，而是等 1~2

分钟。这样的设计能让用户感受到那份贴心与温暖。

还记得 iPhone 的 Home 键吗？曾经乔布斯是这样解释为何在手机的下方留着一大片的空白导致屏占比变小——那个距离对于人的手指刚好是最合适的，太靠下的按钮大拇指不容易够到。这样的设计，用户在使用过程中会感到很舒服，从而增加客户的黏性。

1.2 了解用户心理

一款产品的发布，很多时候都是与用户博弈的过程，揣摩用户使用过程中的心理很重要，因为有的用户很懒，很挑，而且容易烦躁。

1.2.1 用户可接受的页面加载时长

先来看一组数据，Google 曾经通过分析统计得出以下数据：一个有 10 条数据、0.4 秒可以加载完的页面，在变成 30 条数据、加载时间为 0.9 秒后，流量和广告收入减少了 20%。当谷歌地图的首页文件的大小从 100KB 减少到 70KB 左右时，流量在第一周涨了 10%，在接下来的三周涨了 25%。

腾讯的前端工程师根据长期的数据监控也发现页面的一秒钟延迟会造成页面浏览量（Page View，PV）下降 9.4%，跳出率增加 8.3%，转化率下降 3.5%。

这些数据是在大量的用户基础上实际总结出来的，有很重要的参考价值。页面加载时间过长不仅吸引不了新用户，还会磨掉老用户的耐心，因而在有限的带宽下提高页面加载性能，加快页面渲染一直是每一位前端工程师绕不开的话题。页面渲染的时间越短，用户体验越舒服，产品的整体感觉就越好。

网页打开在时间上有一个 8 秒原则，就是在等待网页加载 8 秒之后，用户将失去耐心，停止浏览该页面。实际上一些应用的打开时间超过 2 秒用户都会觉得很久，如果一些页面的内容简介较为吸引人，用户可能会刷新 2~3 次重新进入；当仍然没有效果时，用户会渐渐失去耐心，最终停止继续浏览该网页。图 1.3 所示为用户心理波动过程。

从图 1.3 中可以看出，PC 端的网页较为复杂，用户的交互频率也较低，能接受的加载时间也会稍长。这种情况下 2 秒属于优良，3~4 秒勉强可接受，当长于 5 秒时会较为明显地影响用户体验。

在移动端，用户的手指操作较为频繁，页面也相对简单，但用户的耐心会更少一些，假如每次单击都需要看一小会空白，用户会"爆炸"的，所以移动端的页面需要更快，秒渲染。每次交互还需要有更快的反馈。

用时短很考验程序的性能，如代码资源的加载、执行、页面渲染等，另外并发量和接口数据请求的响应时长也是要考虑的因素。

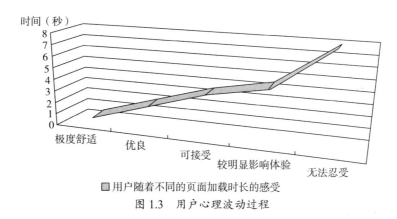

□ 用户随着不同的页面加载时长的感受

图 1.3　用户心理波动过程

1.2.2 用户内心波动

用户在使用一个产品的时候，内心其实是有一个波动过程的。好的产品，用户在使用时，会有先试试看，然后感觉不错，最后体验很好、很棒的过程。此时用户的内心曲线是往上走的，沉淀的东西有很多，比如耐心度、分享意愿度等。

不同的用户层次，内心波动曲线会略微不同，整体其实是一个不对称的倒 U 形。打开一个网页时，打开前可能是产品的简介，介绍内容引人入胜，用户很期待产品，这在短时间内是有利的，这段时间持续 0.5~1 秒。

但随着时间的推移，用户的耐心被逐渐消磨殆尽，U 形曲线的右方会呈一种抛物线的形式，在 1~3 秒阶段，曲线可能会比较平滑，后面每增加 1 秒，心情愉悦度、体验度会呈指数式下降，曲线的陡峭度越来越大，直到 8 秒后用户已基本失去耐心，重新刷新页面或关闭页面离开，如图 1.4 所示。

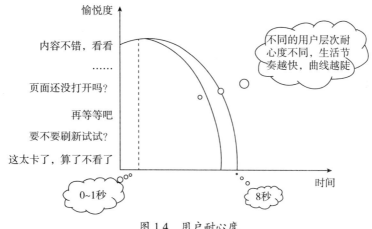

图 1.4　用户耐心度

从图 1.4 中可以看到一个完整的心理倒 U 波动过程，并且不同层次的用户耐心度也是不一样的，可能一些相对悠闲的用户不介意等一等，而对于一些生活节奏特别快的白领来说，此时的等待无疑是浪费时间，曲线会更陡峭，从打开页面到转移他处的持续时间更短。

1.2.3 增加用户耐心度

从用户波动曲线上来看，不同人的生活节奏是不一样的，耐心也不一样，而在一些场景中，可以适当地增加用户的耐心程度，让 U 形线变得更缓。

一些应用场合较为复杂的场景，或一些公司现有开发成员技术水平有限而导致页面加载较慢时，除考虑从代码上提升之外，还可以从另一个维度增加用户耐心度。

简单地说，就是让用户等得不无聊。一个最不可逾越的原则就是不能让用户做无聊的等待。我们平时用餐高峰期去点餐的时候，或多或少都需要等待一段时间，当餐厅用餐人数多，或者厨师少忙不过来时，等待的时间可能会更长，如何在这种无法减少等待时间的情况下使用户有耐心地等待就是一门技术活了。

有很多种方法，比如为顾客提供一袋瓜子、一盘花生，都能大大增加用户等待的耐心，一些餐厅会有一些餐前小游戏，比如海底捞会免费提供飞行棋，有些则是排号，先拿个号，然后去做其他的事等，类似的做法很多，在编程中其实也是一样。

不确定的等待会让用户感觉时间过了很久。用户在做一次交互，比如单击某个按钮后，他需要有回馈，越快越好，当页面加载时长较长时，他需要很久才会收到回馈，如果没有一些转移注意力的机制，会极大地影响用户体验。一个较常见的做法是设计一个 Loading 页，用户单击后立即产生。他知道他做的那次单击是有效果的，只不过页面还需要一些时间加载，而不是直接怀疑没按到，这个心理往往很重要。

适当转移用户的注意力，可以很好地增加用户的耐心度，进来之前的产品介绍，比如介绍到一半后省略，用户也会不由自主地点进来，如果介绍比较引人入胜的话，用户其实不介意耐心地等一等。除了从直接层面进行用户注意力转移外，还可以间接地从技术上做策略转移。

IT 行业很多时候其实是在打闪电战，抢夺市场的关键不在于好点子的萌发，而在于把好点子迅速转化成能落地推广的产品或模块，并且在有限的时间内尽可能地提高用户体验。这是每一个产品经理、开发者不得不面对的问题。

微信小程序能在很短时间内火起来，固然有微信本身庞大用户量的支撑，更重要的是它简单、小巧，纯代码的开发周期短。相较于传统的周期较长的 App 开发，微信小程序可能在几周甚至更短时间内完成，开发和试错的成本很低。

开发周期短，就能把更多的时间放在用户体验的优化上，用在产品前期布局及架构的思考上。虽然两种形式的整体开发时间相近，但技术策略偏向提高用户体验，也不失为一味良方。

1.3　前端的作用

前端（Front End，FE）作为用户同产品交互的最直接体现者，前端工程师输入的每一行代码，每一条样式，每一段交互都直接影响着用户最直观的感受，可以说是"零距离接触"。所以，FE 是用户体验的把关者。一些产品经理不一定很懂技术，一些体验中的细节更需要在前端把握与完善，产品形态越需要用户体验，前端的作用就越大。

1.3.1 用户的第一印象

有研究表明，在人与人接触中，第一印象仅仅是由最初的 3~5 秒钟看到或听到的内容形成的，而且这个印象极有可能不会再改变。

一款产品，一个友好的界面，通常会极力地在用户首次接触产品时的所看、所感上下功夫，而第一印象中，界面本身的风格占很重要的比重。可能有人会说，这是 UI 设计师设计的结果。

不可否认，界面风格本身是具备专业眼光的设计师设计出来的，但 UI 设计师设计出来的仅仅是一张静态图或有简单交互效果的原型图，而一些界面的效果，比如动画效果、3D 动态效果等，难以靠想象画出。一些好的首屏设计中包含了前端工程师的建议与感觉。一些要求苛刻的产品还有专门的 UE，专注于各种细致入微的体验。

随着互联网的发展，前端的比重越来越大，比如阿里巴巴就创立了前端体验技术部，如 Ant Design，AntV 等，虽说这是大企业注重产品体验细节后不断孵化的新部门，但也不得不说，前端在这个闭环中扮演着越来越重要的角色。

正因为用户的第一印象如此重要，当代的前端已不再是螺丝钉式的按照要求写代码，而是有着自己的思考。设计师设计得合不合理？首屏渲染时间用户能不能接受？技术受限的情况下，又如何设计出带有产品特色的启动画面、新手指引页？用户在首次使用产品时，能否给予一种游客的身份，让他们免于注册登录的烦恼，先进来浏览一下？假如我是一名用户，我这样操作是否方便？刚看到这个产品我会有什么感觉？

微信 7.0 推出了时刻视频，细心的你可能会发现，视频拍完后，发布的按钮上写着的不是冰冷的"视频发布"，而是很贴心的以用户的思维来思考的"就这样"，而第一次用这款产品的用户，实际上在不知不觉中感受到这不再是一个冷冰冰的软件，而是一位贴心的伙伴，这样用户的第一印象又如何会不好呢？

优秀的前端工程师很重视用户在交互中的体验和用户对产品的第一印象，不只在界面上下功夫，界面好仅代表着用户愿意进来，在使用过程中，用得舒心，首次体验感觉好，才会有用户下次光临。微信设置的"就这样"，会让用户在用的过程中感受到那份重视与温暖。

1.3.2 前端之于万物互联

在笔者看来，广义的前端并不仅是网页、游戏界面、APP 界面，而是一切万物同外界互动的那座桥、那扇窗。我们经常听说的 IoT，也就是物联网，看似可能跟前端毫无关联，但无论是智能化仓库里面的调度、统计、监控、分析，还是智能家居、云端、设备间的互联互通都属于前端范围。百度公司的智能产品小度那双闪烁着智慧的眼睛是前端，甚至一个简简单单的液晶显示屏也是前端。

现代化的前端已不再局限于视觉，更在于感觉。AR、VR 日益流行，带上眼镜送你一方世界，摘下眼镜还你一片现实。这种沉浸式的体验也属于前端领域。你可以不懂 WebGL，也可以不了解 WebVR，但需要体会到前端工程领域的大变革，互联网 + 应用的大创新。

前端中的 JavaScript 是一门很神奇的语言。JavaScript 能写什么？目前来看好像都可以，写传统的 APP？没问题。写后台，写服务端？可以。写系统？也没问题。开发互联网 +，万物互联之间的通信？也是可以的。JavaScript 能做的事，前端工程师就可以做，也许那时候这就不再是传统意义上的前端了。

传统的物联网嵌入式开发，受限于各类工具及开发门槛，敏捷开发的理念得不到很好的推广，而当今社会，最缺的实际上是时间，最大的成本花费也是时间。每一次的测试，都需要编译、烧录、运行等过程。这个过程很耗费时间，并且很多时候一个逻辑写完后得不到复用或移植，后来人不得不重新开发一遍。这种方式很不友好，也增加了成本，降低了产品的竞争力。

当然，JavaScript 正在做这方面的改进，目前出现的框架如 JerryScript、Espruino、IoT.js 等就体现了未来解决问题的可能。

1.3.3 让产品使用变得有趣

当今的家长很困惑，为什么孩子喜欢玩游戏，花在游戏上的时间比花在学习上的时间多了很多倍。到底为什么？

因为游戏很好玩啊！细究的话，有一个词，在游戏中用得很广泛：心流状态，即沉浸式体验——沉醉其中，怡然自乐。

具体来说，心流实际上是一种将个体注意力完全投入在某活动上的感觉，当我们专注地做某件事的时候，会发现时间过得特别快，这时候的等待是幸福的，甚至都不愿意被打断。

当买了一台新计算机时，有人会下载一个鲁大师，而鲁大师在测试显卡性能的时候其实是播放一段 3D 唯美画面，很像一个 3D 世界，我们可以在等待时观看 3D 动漫，这时就不会有人觉得测试时间长了，这是鲁大师很成功的一个方面。

游戏开发者应该都知道心理学家米哈里·契克森米哈赖，因为游戏中的很多行为，实际上就是让用户停留在心流状态。游戏需要的是专注，有主控感，且回馈感十足，而这些都是心流状态的基本特征。

反馈到产品上，并不是说要把每一款产品都做成游戏，而是做产品设计时以游戏的思维去设计产品。

以购物网站为例，如何长久留住用户，或者说让用户有随时点进来浏览一下的欲望？比如发布一些购物攻略，购物趣谈小短文，或者时不时推出一些另类版你画我猜（计算机画你猜），猜中得积分，猜错扣积分，积分可以兑奖，设立排行榜、称号、星标个性化头像显示等。

生活中常见的一些场景，其实也处处渗透着游戏化的思维。例如，钢琴不是用手弹的而是用脚踩的，如楼梯钢琴；节奏大师不是用手指按，而是用拳头去锤等，以这种思维去设计产品，能在有限的资源里最大化地提升用户体验，让首次接触产品的用户更愿意去使用你的产品，接纳你的产品，不知不觉中成为你的忠实用户。

第2篇 宏观上的俯瞰

第2章 前端性能瓶颈

无论是用 PC 端还是移动端打开网页，实际上都是你在本地下载一份文档并打开看的过程。在这个过程中，下载的速度、文档打开的速度都直接影响获取所需信息时的体验。

我们一定听过木桶效应：一只水桶能装多少水取决于它最短的那块木板。那么 Web 前端领域的短板是什么？这些短板可能存在于哪些方面？是频繁操作 DOM（Document Object Model，文档对象模型）元素导致页面过多的重排重绘，还是发起过多请求导致的 HTTP 连接频繁建立与释放？又或者是在带宽有限情况下，一次渲染资源量过多产生的性能负担？

本章主要从下面三个方面来阐述：

- 做合适的技术选型；
- 项目复杂程度对性能的影响；
- JavaScript 运行的环境。

2.1 技术框架选型

前端的技术选型涉及的内容有很多，例如我们是采用 SVN 还是 GIT 用于团队协作开发的代码管理，我们是采用前端工程化自动化构建还是传统的 Script 标签引入，代码压缩打包是采用 Webpack、Gulp 还是 Grunt，框架选型是采用 jQuery、React 还是 Vue 等。另外还包括 UI 库的选择，图片资源的选择，字体库的选择，CSS 预编译器的选择（Less 或 Sass）等。

技术框架的选型大多时候需要考虑业务面向的受众，比如受众较为广泛的政府、新闻网站，更多在于考虑兼容性与稳定性，可能还需要 jQuery，移动端则较少考虑这方面，但要考虑多终端适配问题。

很多时候也要考虑团队的技术栈，团队成员多数会 Vue，不太熟悉 React，选型时通常会往 Vue 倾斜。还需要考虑产品维护的难易程度、开发效率、成品性能等。

2.1.1 传统 DOM 操作对性能的影响

DOM 的前身由网景公司开辟，但那时候的 DOM 不标准且互不兼容，后来统一成 W3C 标准。W3C 实际上是浏览器提供的用于操作 html/xml 这种类型文档的一系列 API，并通过 Document 对象将这些 API 开放出来。

这个 API 集合（这个团队）可以做很多事情，如元素、节点的获取，用户交互事件的监听与互动。它让 HTML 不再是简简单单的静态展示，而是融合了各种各样的交互体验，让整个页面鲜活起来。DOM 和 HTML 相关知识会在后续的章节中详细展开，这里简单了解一下。

传统 DOM 结构操作方式对性能的影响很大，其原因是频繁对 DOM 结构操作会引起页面的重排（Reflow）与重绘（Repaint），浏览器不得不频繁地计算布局，重新排列与绘制页面元素，导致浏览器产生巨大的性能开销。先来简单了解一下浏览器的渲染过程，如图 2.1 所示。

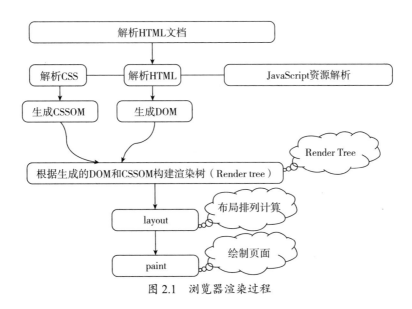

图 2.1　浏览器渲染过程

浏览器的渲染大致经历以下四个过程。

（1）解析 HTML 文档：解析 HTML，生成 DOM；解析 CSS，生成 CSSOM。

（2）根据生成的 DOM 和 CSSOM 构建渲染树（Render Tree）。

（3）根据渲染树，计算每个节点在屏幕的位置、尺寸等信息。

（4）将渲染树绘制到屏幕上。

重排：浏览器第一次渲染页面布局之后，后续引起页面各个元素节点在页面所处位置的重新计算与重新布局的行为都叫作重排（Reflow）。

重绘：布局计算完成后，页面会重新绘制，这时浏览器会遍历渲染树，使用 UI 后端层绘制每个节点，这种行为叫作重绘（Repaint）。

重排一定会引起重绘，如图 2.2 所示。

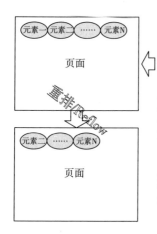

如果这时要隐藏元素一，元素二会填充到元素一的位置，元素三会填充到元素二的位置，依此类推，直到元素N。类似于Word文档一样，我们称之为文档流。

在这个过程中，浏览器不得不重新计算各个节点、各个元素在页面中所处的位置，重新布局，这就是重排。

如果这时只是改变元素的颜色，只需要绘制元素，不用再次计算布局，这个过程叫重绘。

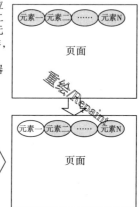

图 2.2 重排与重绘

由于页面同用户的交互是频繁的，页面各个部分的状态都可能被改变，因而重排与重绘难以避免。下面列举一些引起重排或重绘的常见属性：offsetTop、offsetLeft、offsetWidth、offsetHeight、scrollTop、scrollLeft、scrollWidth、scrollHeight、clientTop、clientLeft、clientWidth、clientHeight。

只要涉及页面元素布局、位置等信息发生的改变，都会触发重排。一些其他的操作，如设置元素 DOM 离线 / 在线状态（display），获取元素 CSS 属性的方法 getComputedStyle（非 IE）、currentStyle（IE），浏览器窗口变化（resize），都会触发页面重排。

若只是改变元素的颜色、背景、显示 / 隐藏（只是看不到，但元素仍然占据对应的位置），如 vidibility、outline、color、background 等，并不会改变页面元素的布局，也就不需要再进行一次布局排列计算（layout），即重排。

传统的 DOM 对这些属性的操作几乎可以说是家常便饭，当然也有不少对应的优化方式，比如说绝对定位、模板引擎一次渲染、缓存 HTML 字符串、GPU 加速等（这些在后续的章节都会陆续讲到），但稍不留神就会引发浏览器重排和重绘，加上传统的 DOM 操作代码较为繁杂，使项目代码维护起来难度大、成本高，促使使用者中的佼佼者们对 DOM 操作进行了新思考。

2.1.2 双向数据绑定

那到底引发了怎样的思考呢？其实说到底就是一个直接跟间接的问题，比如页面有元素 A，要改变元素 A 的状态，传统的方式是直接设置元素 A 的宽高，X、Y 轴坐标，颜色等，这样看起来或理解起来比较简单。

这种设置方式在最糟糕的情况下会是一种怎样的状态？当 JavaScript 执行设置宽高的时候，页面重排、重绘了一次，到 X、Y 轴坐标改变时再一次重排，特别是一些动画，可能是通过定时器不断改变 X、Y 轴坐标，这样每隔几毫秒就要重排、重绘，这对页面的开销无疑是巨大的。比如下面这样：

```javascript
var left = 0;
setInterval(function () {
    left += 10;                         //setInterval 是定义一个循环工作的定时器
    $(".one").css("left", left + 'px')  // 这里可以设置一些自增或自减的位置值：
}, 1000 / 60);                          // 这里是设置循环的间隔时间，单位是毫秒
```

新的方式事先会映射一个虚拟 DOM 出来，由于这个 DOM 并没有在页面中，对其所做的所有操作并不会影响页面的运行，也不产生额外的重排、重绘的开销。

采用新的处理方式的框架，一般都有一个处理的中间层。它们有一个共同的名称，叫 MVVM 框架（Model-View-ViewModel），而其中的核心就是充当后端服务器数据服务（Model）与前端界面交互展示（View）的中间层视图模型（ViewModel），结构如图 2.3 所示。

图 2.3　MVVM 框架结构

由于页面的更新大多时候仅仅是更新页面上的数据，传统操作 DOM 的方式是先拿到数据，再拼成 HTML 字符串，重新加载到页面对应的位置，比如下面这样：

```javascript
var data = 'hello, my name is dorsey';
var html = "<div>" + data + "</div>";
document.querySelector(".two").innerHTML = html;   // 原生 JavaScript
$(".two").html(html);                              //JQuery
```

但对于 MVVM 框架而言，既然页面更新的是数据，那是否能将烦琐的拼接字符串 append 回页面等操作扔进 ViewModel 中，让前端工程师只专注于数据的处理呢？答案是可以的。来看看新式的 MVVM 框架是怎样完成页面更新的（以 Vue 为例，下同）。

Template 部分：

```html
<div id="app">
{{ message }}
</div>
```

JavaScript 部分：

```javascript
var app = new Vue({
  el: '#app',
  data: {
```

```
    message: 'Hello Vue!'
  }
});
```

前端工程师写好模板后，只需要专注实例化的 Vue 模型中数据的处理，相对应的视图就会自动更新，这就是前端领域中很重要的数据双向绑定。那具体更新 MVVM 框架是怎样做到的？

（1）首先会有一个数据监听器（Observer），监听数据是否更新。

谷歌团队的 Angular 框架是通过脏值检测的方式，简单来说就是监听器里面有一系列的监控函数，每个监控函数都有它的返回值，当数据改变时，监控函数返回值会改变，监听器只需要对比每一个监控函数的返回值与上一次返回值间的差异，就可以知道哪些数据是需要更新的。

国内 Vue 团队则是采用数据劫持的方式，简单来说就是利用 JavaScript 本身的机制（每一个数据改变时都会触发自身的 getter 或 setter 方法），重写获取（get）和设置（set）方法，把数据改变时要做的事写成代码埋入对应的 get 和 set 中，只要某个对象的数据改变了，它就会调用 get 或 set 方法，也就是执行了对应的方法逻辑，从而达到劫持的目的。简易的实现代码如下：

```
var data = {
    name: 'sen'
};
Object.keys(data).forEach(function(key){
    Object.defineProperty(data, key, {
        enumerable:true,
        configurable:true,
        get:function(){
            console.log('这是 get 函数, 你调用到了哦, 数据没被设置, 但被读取了一下');
        },
        set:function(){
            console.log('这是 set 函数, 你调用到了哦, 因为数据发生了变化');
        }
    });
});
data.name //控制台会打印出 '这是 get 函数, 你调用到了哦, 数据没被设置, 但被读取了一下'
data.name = 'dorsey' //控制台会打印出 '这是 set 函数, 你调用到了哦, 因为数据发生了变化'
```

（2）有了监听器，知道哪些数据变动，但怎么让对应的节点知道？能不能像公众号订阅一样，当有新的数据变更时，通知到订阅的人？答案是可以的，这就是 Watcher。

```
function Watcher(vm, exp, cb) {
    this.cb = cb;
    this.vm = vm;
    this.exp = exp;
    this.value = this.get();  // 将自己添加到订阅器的操作
```

```
}

Watcher.prototype = {
    update: function() {
        this.run();
    },
    run: function() {
        var value = this.vm.data[this.exp];
        var oldVal = this.value;
        if (value !== oldVal) {
            this.value = value;
            this.cb.call(this.vm, value, oldVal);
        }
    },
    get: function() {
        Dep.target = this;        // 缓存自己
        var value = this.vm.data[this.exp]    // 强制执行监听器里的 get 函数
        Dep.target = null;        // 释放自己
        return value;
    }
};
```

（3）既然要让 ViewModel 做烦琐的重复性替换模板数据，拼接对应的 HTML 片段及回填进 DOM 树中，那还需要知道哪个 HTML 片段是需要更新的，它有哪些节点，得对 HTML 片段进行解析。

这相当于用一个解析器（Compile）深度遍历目标元素的每一个后代节点，但如果直接对着元素操作，可能引起额外的重排与重绘。所以，以 Vue 为例，实际上是存入文档碎片中的一个类数组（Fragment），存入后，再利用正则匹配将模板替换成数据，再将已替换完成数据的 Fragment 重新添加回页面中。

```
function compile (el) {
    let ele = document.querySelector(el);    // 获取元素信息
    let fragment = document.createDocumentFragment();    // 创建文档对象
    let child;
    while(child = ele.firstChild) {
        fragment.appendChild(child);
    }
    replace(fragment);  // 将对应数据替换掉文档碎片中的模板
    Object.keys(obj).forEach(key => {
        obj[key].update();
    });
    ele.appendChild(fragment);
}
```

replace 函数：

```
function replace (fragments) {
    Array.from(fragments.childNodes).forEach(node => {
        if(node.nodeType === 1) {          // 节点类型为 1 的是元素
            Array.from(node.attributes).forEach(attr => {
                let {name, value} = attr;
                if(name.includes("v-")){       // 遍历该元素的属性，拿到属性名和属性值，
                                               // 属性名包含 "v-" 则需进行节点绑定
                    obj[value].bindNode(node);
                }
            })
        }
        let reg = /{{(.*?)}}/g,
            text = node.textContent;
        if(node.nodeType === 3 && reg.test(text)) { // 节点类型为 3 的是文本
            text.replace(reg, function () {
                obj[arguments[1]].bindNode(node);    // 利用正则匹配替换文本中的模板
            });
        }
        if(node.childNodes.length) {
            replace(node);
        }
    })
}
```

这样只需要再完成一个抽象函数 MVVM，将这三个处理逻辑统一起来，同时提供三者共同的父级作用域，数据双向绑定的过程便完成了。

2.1.3 业务兼容性

相较于传统的直接操作 DOM 框架而言，MVVM 框架在性能上有很大的优势，但正由于其性能的先进性，一些版本较低的浏览器对其支持度不足，因此不得不选用 jQuery。

在实际应用中，兼容性是前端工程师绕不过去的坎，当然随着浏览器各方面逐渐统一及标准化后，这个问题造成的影响会渐渐变低。

IE 浏览器曾经是每一位前端工程师的噩梦，明明代码在其他浏览器跑得好好的，但在 IE 浏览器就会出现各种报错，前端工程师不得不针对 IE 写出各种冗余的兼容性代码。移动端开发无这方面的顾虑，PC 端也随着微软宣布放弃 IE 和 Edge 而渐渐减少了这方面的工作。

随着 HTML5、CSS3、ES6+ 的普及，前端领域的开发发生了巨大变革。当然这些变革在 IE 浏览器中有很多不被支持，ES6 更是连 const、let 等块级声明语句都不支持，这也是 Babel 转译器火热的原因。Babel 转译器能将 ES6+ 语法转换成低版本浏览器能识别的

ES5 语法。

　　尽管这样，在实际的业务开发中，可能还面临着一些老业务上的兼容问题，如遇到需要兼容 IE8 的情况，可能还需要 JQuery；也需要注意 transition、transform 等 CSS3 动画，以及 audio、video 等在 IE10 以下版本中是否能运行。以下仅列了比较常用的几点。

　　（1）CSS3 大部分特性在写入时需要注意的内容如下。

- 动画相关：transition、transform、animation。
- 弹性盒模型：display-flex / inline-flex。
- 文本、盒子及其他基础属性方面：text-shadow、box-shadow、background-size。
- 选择器：nth-child、nth-last-child、nth-of-type、nth-last-of-type、last-child、only-child、disable、not、empty 等。

　　（2）HTML5 标准新增的标签，API 应用时也需要注意，这里列了部分常用元素及 API。

- 缓存方面：Local Storage / Session Storage。
- 多媒体与图形处理：Video、Audio、SVG、Canvas、WebGL。
- 即时通信：WebSockets。
- JavaScript 接口：querySelector / querySelectorAll、History Manage、GeoLocation、Worker。

　　Can I Use 是一个前端领域各个属性兼容性查询的网站，可以很方便地查找你所写入的 HTML 标签、CSS 属性、JavaScript 的 API 兼容的版本，如图 2.4 所示。

图 2.4　Can I Use 网站

　　实际的业务兼容性，有时候还需要与后端搭配，或者与第三方接口搭配。这些第三方接口可能会提供一些 JavaScript 插件，而这些插件只能兼容 IE。假如这类情况非你公司做主导，或者说一些商务上的谈判导致你的公司只能配合此类较底层的技术来实现应用，这时候就不得不去考虑兼容性问题了，尽管新技术性能很好，但此种情况还需要采用一些兼容性更好的技术方案。

2.1.4　UI 组件库的选择

　　前端领域上的 UI 库有很多，它们主要的应用终端是移动端、PC 端。这些 UI 库基本来自于前端的几大生态，如 jQuery 生态、Vue 生态、React 生态、Angular 生态等。由于 UI 直接作用的是界面，UI 库的风格也直接决定着整个软件界面的体验。那些学习成本低、易上手，并且容易融入公司团队技术池里的 UI 库都是首选。这里简单列举了几种 UI 库方案。

1. PC 端

- Element-UI：饿了么推出的基于 Vue 的 UI 库，风格可参照饿了么，组件也较丰富。
- Ant-Design 生态：由蚂蚁金服推出的基于 React 的 UI 设计平台。
- Bootstrap / ZUI：基于 jQuery，学习成本较低，文档齐全，栅格化利于响应式开发，UI 组件也很好看，UI 库包含了很多插件、字体图标等。ZUI 基于 Bootstrap，但较之提供了更加丰富的组件。其唯一的缺点是包含的东西较多，比较重型，文件较大，若只需栅格化，可以独立出其中的 CSS 栅格系统。
- EasyUI / jQuery UI：基于 jQuery，在一些小公司中，一名后台工程师可能也会负责前后端开发，如果你是一名后台工程师，选这些也是不错的，上手较为简单，样式也较好。

2. 移动端

- Mint-UI：由饿了么团队推出的基于 Vue 的移动端组件库。
- AntUI / AlipayUI：蚂蚁金服针对移动端开发推出的一套基于 React 实现的 H5 组件库。
- Zepto：一个高效的、专门为移动网络提供的、更简洁的 jQuery 替代方案，API 设计与 JQuery 非常类似，在前期的移动端开发应用中较为广泛。

实际上一些较大的公司一般都有自己的内部框架，可能是基于市场上开源的库，结合公司实际的应用场景做的进一步封装，也可能完全自己开发，工具内部实现自给。GitHub 每周都会更新一些高 star 项目，可以多关注一下。流行的、比较稳定的框架或库一般都经过成型产品及时间的考验，问题会比较少，项目相对会较为稳定。

2.2 项目复杂程度

除了技术框架本身对性能的影响之外，项目复杂程度、模块与模块之间的耦合程度也直接或间接影响着项目的性能与稳定性。

2.2.1 单一页面完成复杂交互

最早的页面切换方式是多页面切换。每一次的页面跳转，都是一个新的页面 URL，因为浏览器不得不重新定向页面，获取路径上的资源，才能到渲染环节，所以页面与页面之间的切换非常慢。

单页应用（Single-Page Application，SPA），很像是应用程序，没有页面间的跳转，资源都在同一个页面里，只是 Ajax 及后来的 Axios、Fetch 等无刷新异步加载数据模式，或者通过锚点跳转对应路由，使用户体验上升了一大截。

但是它也有缺陷，因为首屏渲染的时间要比多页面长。可以想象的是，将多个页面的资源打包糅合到一个页面里，这个页面一开始需要加载的东西会非常多，而网速是一定的，所以会导致首屏渲染的时间很长，首屏渲染后，就是无刷更新，体验相对较好。

单页应用，如图 2.5 所示。

图 2.5　单页应用 SPA

单页面不利于搜索引擎优化（SEO），现在访问大多数的网站，都是通过百度、Google 等搜索引擎来访问，而搜索结果排名就是流量的入口。百度让人诟病的最大问题就是竞价排名，还有臭名远扬的"莆田事件"，可见排名的高低对网站流量的影响有多大。

而现有的搜索引擎都是通过爬虫工具（Google 有 Google 爬虫、百度有百度蜘蛛）来爬取各个网站的信息，这些爬虫机器人一般只爬取页面（HTML）上的内容，SPA 的数据基本都是存放在 JavaScript 文件中，爬虫机器人无法爬取，无法分析出你的网站到底有什么内容，无法与用户输入的关键词做关联，最终当然排名就低了，所以一般的 SPA 用在跨平台的 HTML5 App 中比较多，或者用在一些 B2B 等类型的网站或者平台，因为它们靠的更多的是业界口碑、自身宣传等，而非特别依赖 SEO。

单页面交互时需要考虑的更多，尤其是业务及交互较为复杂时。由于资源都在同一个空间里，可能要考虑诸如组件与组件间样式私有，避免覆盖；组件与组件间的数据通信是否昂贵，可能需要一个数据中心来处理这部分的数据，比如 Vuex；也可能需要重新想一想只做成 SPA 是否合理。假如页面很多，是否需要将业务分成几个模块，每个模块再做成 SPA？

2.2.2 同一页面的数据多寡

同一页面需要展示的数据量越多，性能问题越凸显。

像淘宝、京东一类的网站，首页一般需要加载的内容很多，特别是各个购物条目的图片展示，每一张图片都是一个请求，此类的网站采用懒加载（懒人模式，要一点一点给，一开始只加载一部分，用户鼠标向下滚动或手指向上滑动时才会继续加载）、分页、内容分发、静态资源分多域名存储等方式提高网站的性能，这些内容后续会逐一细讲。

在一些小的应用中，CSS、JavaScript 资源随意放都没有问题，可能全部放在 <head></head> 中，问题并不凸显，但在需要展示较多数据量的页面中，由于 JavaScript 本身会阻塞浏览器的渲染，导致后续的内容需等到 JavaScript 执行完才会继续渲染，这会极大地影响渲染效率，所以一般情况下，除了上述的加速模式外，JavaScript 一般会放在 DOM 树之后，等待 DOM 结构加载完才开始执行。

对于大型的页面应用，通常都是过百甚至更多的资源请求，请求的数据量更庞大，而带宽是有限的，所以页面加载的时间就会变长。很多时候可能仅仅一个 <li><li> 标点就有一张图片，还会有数百个 <li> 标签，假如一张图片有 100KB，再加上后台服务器此时还需要处理 Ajax 等请求，这个数据量会相当庞大，可想而知服务器的压力有多大。

那如何处理呢？现在比较流行的做法是分离一个专门的图片服务器来存储，后台在数据库表中存储的数据字段其实只是一串 URL，只有在渲染的时候才会根据 URL 下载图片，再加上适当的缓存、懒加载，会大大减少服务器压力，提高页面性能。

2.3 运行环境

现在前端代码主要的运行环境一个是浏览器，或者更加具体地说就是浏览器内部的 JavaScript 引擎及渲染引擎；另一个则是 Node 服务端开发运行的环境，其实还是从 Chrome 浏览器中抽取的 V8 引擎。

那么前端代码在运行环境上可能存在什么样的性能瓶颈呢？采用 JavaScript 这门语言有什么需要注意的地方？又能通过什么样的方式来优化和提高？

2.3.1 浏览器请求并发数限制

首先说一下并发，并发大致是指某一个瞬间运行在同一处理机或者某个服务器集群上的服务或执行逻辑。比如，天猫双十一当天 0 点刚过的那一瞬间，用户的每一次单击、支付，都是一条服务，需要服务端去处理，可以想象一下那时的人数与同时过来的请求数，这就是并发。

浏览器的请求也是并发进行的，因为本质上它也是给我们提供服务的，当页面加载时，需要的资源都是从服务端过来的一条条的请求。比如页面打开时有 5 个接口需要返回数据，还有图片、CSS 资源、音视频资源等，假设这些合起来需要 20 个请求，实际上浏览器在处理这些请求时并不是一次性将 20 个请求一起发过去，而是有请求并发限制，减少处理时浏览器本身的线程切换开销。

又如 Chrome，它实际上是 6 条并发进行，某一条请求完成后补充另外的请求进来，直到 20 条请求处理完毕。表 2.1 所示显示了现代主流浏览器的请求并发数。

表 2.1 浏览器请求并发数限制的数量

终 端	浏览器	HTTP / 1.1	HTTP / 1.0
PC 端	IE 11	6	6
	IE 10	6	6
	IE 9	10	10
	IE 8	6	6
	IE 6，IE 7	2	4
	Firxefox	6	6
	Safari 3，Safari 4	4	4
	Chrome 4+	6	6
	Opera 10.51+	8	?
移动端	iPhone 2、iPhone 4	4	?
	iPhone 3、iPhone 5+	6	?
	Android 2-4	4	?
	Android 5+	6	?

浏览器的请求并发限制机制在一些场景中影响较大，一些有很多图片的网站，如淘宝、京东等，资源请求数很容易过百甚至更多。

明白了浏览器的工作方式后，有什么办法能提高这个上限吗？其实浏览器的请求并发限制是可调的，IE 可以在注册表中修改，而 Firefox 可以通过浏览器的配置项来修改（在 Firxefox URL 栏输入 about:config，修改里面的配置项），但是软件开发商肯定不能要求用户自己去修改浏览器的配置，所以该方式行不通。

目前最为流行的方式就是多域名访问，由于浏览器的请求并发限制针对的是同一个域名下的资源，既然这样，将静态资源与服务分离，分多域名存储，就可以以最简单的方式解决浏览器的并发瓶颈。

简单做个小案例，分析一下浏览器的请求并发数。这里以 Chrome 浏览器为例。

```
<!DOCTYPE html>
<html lang="en">
```

```
<head>
    <meta charset="UTF-8">
    <meta name="viewport" content="width=device-width, initial-scale=1.0">
    <meta http-equiv="X-UA-Compatible" content="ie=edge">
    <title>浏览器并发请求数限制 </title>
</head>
<body>
    <img src="images/1.jpg" alt="1">
    <img src="images/2.jpg" alt="2">
    <img src="images/3.jpg" alt="3">
    <img src="images/4.jpg" alt="4">
    <img src="images/5.jpg" alt="5">
    <img src="images/6.jpg" alt="6">
    <img src="images/7.jpg" alt="7">
    <img src="images/8.jpg" alt="8">
    <img src="images/9.jpg" alt="9">
    <img src="images/10.jpg" alt="10">
    <img src="images/11.jpg" alt="11">
    <img src="images/12.jpg" alt="12">
</body>
</html>
```

准备数目超过 6 条的资源，这里准备了 12 张图片。接下来，打开浏览器的 Network 面板，请求类型选择 All，可以看到如图 2.6 所示界面。

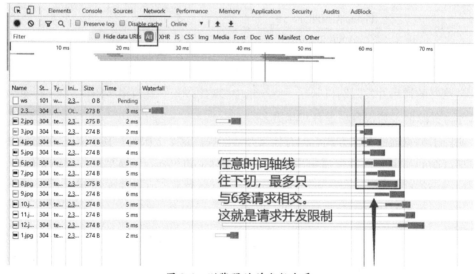

图 2.6　浏览器的并发数查看

你会发现，同一时间段内，浏览器最多只会发送 6 条请求，其他请求会处于等待中，比如图 2.6 框选出来那 6 条请求中的第 1 条，只有当这一条请求处理完毕之后，浏览器才会释放出这部分的资源，用于处理队列中的下一条请求，如图 2.7 所示。

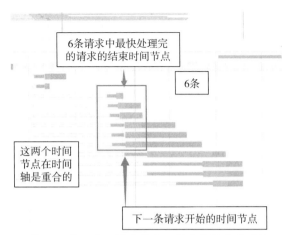

图 2.7　某一条旧请求结束，就是新请求的开始

从图 2.7 中可以很清晰地看出这种并发数限制。这其实很像赛道接力，同时奔跑在赛道上的永远不超过跑道数（比如这里的 6）。只有某一个赛道某一段跑完了，这个赛道才能被释放出来，接着由下一个人跑。

2.3.2 简述 JavaScript 这门语言

JavaScript 语言是前端领域中最核心的部分，是每位前端工程师必须要掌握的语言。它为何在短短的时间里成为前端使用最广泛的语言呢？

JavaScript 诞生于 1995 年，起初它的作用主要是处理以前由服务器端负责的一些表单验证。在那个绝大多数用户都使用调制解调器上网的时代，用户填写完一个表单，单击提交，需要等待几十秒，服务器才会反馈给用户说某个地方填错了。在当时如果能在客户端完成一些基本的验证，绝对是令人兴奋的事。

JavaScript 是一门弱类型语言，变量类型可以随意变动，var、let、const 走遍天下，工程师们无须为每一个变量声明类型，应用非常自由，对开发者相较友好。此时，JavaScript 在浏览器端可以说是独裁者，没有什么语言可以挑战它的地位。

ES6+ 新标准广泛应用后，JavaScript 更是跟紧了时代的发展。随着 Node、NoSQL 及 JavaScript 的超集 TypeScript 的出现，JavaScript 不仅能做前端，还能做服务端，甚至做系统，逐渐成为新型跨平台的语言。WebGL 及 Three.js 也使 JavaScript 具备游戏、地图等大型 3D 应用的能力，甚至有些简单的大数据分析、图像采集、特征提取在 GitHub 都有了 JavaScript 相应的框架和库。JavaScript 逐渐变得饱满、强大。

JavaScript 也存在一些缺陷。在浏览器端，它仍是目前占用浏览器资源最大，对浏览器性能影响最大的部分。JavaScript 是单线程 + 异步队列的工作模式，浏览器渲染时间长度对用户体验的影响是最直接的，并且浏览器的渲染任务是存储在 UI Queue 任务队列中的。

JavaScript 在加载及解析过程并不会影响到 UI Queue 任务队列，但在运行时会将任务添加到 UI Queue 中，从而阻塞浏览器的渲染，特别是当一些涉及三维地图坐标、模型各个点的计算时。尽管有很多的优化方式可以让 JavaScript 文件的加载解析同运行分开，提高速度，比如 HTML5 的 Worker 机制可以将复杂的 JavaScript 计算独立出来，不阻塞浏览器的渲染，但不得不说，JavaScript 仍然是浏览器端占用资源最多的那部分。

JavaScript 很强大，但代码的好坏对性能的影响也很突出，养成良好的代码风格，尽量减少 JavaScript 代码在计算、数据结构处理中所占的比重，比如将这部分尽量交给后端完成，前端直接负责渲染的方法，可以在几乎无代价的情况下提高产品的性能。

第3章 前端的分层

经常听说前端三剑客：HTML、CSS 和 JavaScript，这三剑客在前端领域中到底扮演着怎样的角色？有何分工？又有什么值得注意的地方？深入理解这三者，对提高应用性能又有什么帮助？本章将一一分述。

主要从下面这三方面来阐述：

- 结构层；
- 样式层；
- 行为层。

3.1 HTML 结构层

我们平时看到的网页，实际上可以简单理解为由远端的服务器往本地计算机发送一份 Word 文档并解析的过程，别看 HTML 是以 .html 后缀结尾的，但本质上与 Word、txt 文件没有区别，仅仅是一个浏览器能识别的文件而已。

这份 HTML 超文本文档到底什么样？在前端界面中又扮演着什么样的角色？下面一起看看吧。

3.1.1 何为 HTML

HTML（Hype Text Markup Language）是一门超文本标记语言，它是网页的骨架、结构。浏览器加载页面时也是通过识别带有尖括号<>的字符串生成DOM树，完成DOM的渲染。

在 HTML5 之前，网页本身就有一套已约定好的标准标签，如 <div></div>、<p></p>、<a></a> 等，后续为了让网页结构更加语义化，出现了像 <article>、<header>、<section>、<footer>、<video>、<audio> 等一看就明白的标签，这是 HTML 的大进化，但它作为网页骨架的基础并没有变化。谈到骨架和 HTML，我们的脑海中能否想象出 DOM 树的结构呢？ HTML 文档解析后的 Document 对象又有什么？

先来看一看最简单的一个 .html 文件，打开看看控制台。

```html
<!DOCTYPE html>
<html lang="en">
<head>
    <meta charSet="UTF-8">
    <meta name="viewport" content="width=device-width, initial-scale=1.0">
    <meta http-equiv="X-UA-Compatible" content="ie=edge">
    <title>我是title哦</title>
    <link rel="stylesheet" href="style/common.css">
</head>
<body>
    <div>
        <p>hello world</p>
    </div>
</body>
</html>
```

打开浏览器控制台，输入 console.log(document)，看一看 DOM 树的结构（图 3.1）。

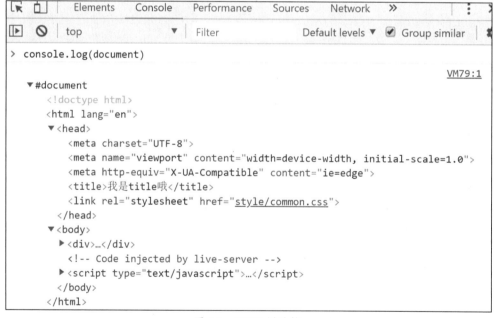

图 3.1　DOM 树结构

HTML 网页一般先被解析成 DOM 树，构成网页的基础结构。

（1）网页标准的声明，比如你经常见到的这句话：

```
<!DOCTYPE html> // html5 标准声明 DOCTYPE 是 doc type 即 document type，文档类型的简称
```

早期的声明非常烦琐，因为标准不统一，比如：

```
<!DOCTYPE HTML PUBLIC "//W3C//DTD HTML 4.01//EN"
"http://www.w3.org/TR/html4/strict. dtd">
```

现在基本上是以 HTML5 文档标准为主，即 <!DOCTYPE html>。

（2）头部（Head）可以填入的标签主要有以下内容：

- <title>：指定整个网页的标题，在浏览器最上方显示。
- <base>：为页面上的所有链接规定默认地址或默认目标 (target)。
- <meta>：提供有关页面的基本信息。
- <link>：定义文档与外部资源的关系。
- <script>：定义客户端脚本，如 JavaScript。
- <style>：定义内部样式表与网页的关系。

meta 元素：可提供有关页面的元信息（meta-information），比如作者、日期和时间、网页描述、关键词、页面刷新等。它提供 name 跟 http-equiv 两个属性。这两个属性通过不同的参数，对应 content 的值，可以实现不同的网页功能。比如：

```
<meta name="viewport" content="width=device-width, initial-scale=1.0">
<meta http-equiv="X-UA-Compatible" content="ie=edge">
```

meta 元素的用处还有很多，比如设置 name="keywords"，再在 content 里面写入关键词，可以增强搜索引擎爬虫关键词的关联，优化 SEO。

name 的参数还有很多，除了 keywords 之外，还有 description（网站内容描述）、robots（机器人导向）、author（作者）、renderer（渲染模式）、viewport（视图模式）等也比较常用，可用于设置手机端的一些基本信息，比如尺寸大小、缩放率等。

http-equiv 相当于 http 的文件头，配合着 content 里对应的内容，它可以向浏览器传回一些有用的信息，使其精确地显示网页内容。

- X-UA-Compatible：浏览模式，如 content= "ie=edge"。
- Expires：网页期限。
- Pragma：缓存模式，如 content = "no-cache"。
- Refresh：刷新，在某个时间延迟后自动刷新并指向 content 里的新页面。
- Set-Cookie：cookie 设定。

除了 meta 元素之外，还有 title，如图 3.2 所示。

还有 CSS 外链的 <link> 标签：<link> 也可以外链 favicon.ico，作为网页标题左侧的网页 LOGO 小图标。

当然也可以在 <head> 标签里面写 <style></style>，嵌入 CSS，但不建议这么做，首先这会导致网页代码很难看，其次外链的 CSS 分多地方存放，维护起来较麻烦，如果有很多 CSS 样式（style 里的内容很长），也会影响 DOM 的快速渲染。

JavaScript 的 <script></script> 也可以写在这里，但一般不这样操作，因为 JavaScript 的运行会阻塞浏览器的渲染，降低页面性能。JavaScript 还可能运行在 DOM 树完成渲染之前，导致部分交互不可用。所以 <script></script> 一般在浏览器渲染 DOM 树结构时会自动忽略 <head></head> 部分，直接从 <body></body> 开始。<head></head> 部分对于网页来说是不可见的，不会让浏览者看到。

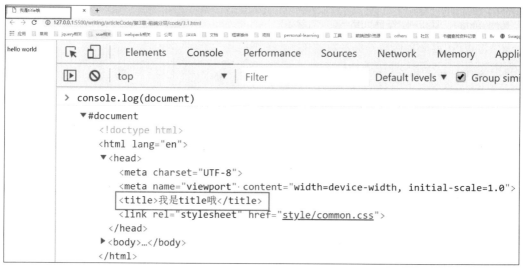

图 3.2　title 信息

3.1.2 HTML5 新增哪些特性

（1）语义化标签，如表 3.1 所示。

表 3.1　语义化标签

标签	描述
<header></header>	定义文档的头部区域
<section></section>	定义文档中的节（section、区段）
<footer></footer>	定义文档的尾部区域
<nav></nav>	定义文档的导航
<article></article>	定义页面独立的内容区域
<aside></aside>	定义页面的侧边栏内容
<detailes></detailes>	用于描述文档或文档某个部分的细节
<summary></summary>	标签包含 details 元素的标题
<dialog></dialog>	定义对话框，比如提示框

相较于传统的 <div><div>、<span></span>，无论页面展示的是什么，在页面结构中

所处的位置都是 <div>，让人难以一眼分析出页面的结构，当然也有相应的解决方式，比如添加语义化的类名，这就需要一位有良好习惯的前端工程师。

语义化标签的引入犹如变量命名，可以帮助前端工程师更快、更好地把握 HTML 文档的脉络、骨架，让开发及后续的维护更快、更简便。

（2）input 标签类型如表 3.2 所示。

表 3.2　input 标签类型

输入类型	描述
color	取色器，主要用于选取颜色
date	从一个日期选择器选择一个日期
datetime	选择一个日期（UTC 时间）
datetime-local	选择一个日期和时间（无时区）
email	包含 E-mail 地址的输入域
month	选择一个月份
number	数值的输入域
range	一定范围内数字值的输入域
search	用于搜索域
tel	定义输入电话号码字段
time	选择一个时间
url	URL 地址的输入域
week	选择周和年

相较于原来 input 的类型而言，HTML5 提供了更强大的 input，如取色器 <input type="color">，又如时间选择器 <input type="date">，这些原来都是一个个的插件，需要写大量的 HTML + CSS + JavaScript 代码来实现，而现在只需要一个标签就能搞定，当然原来的类型较为简单，不同浏览器之间样式可能不同，兼容性也不太好，但不得不说，相较于原来的 input 而言，现在的 input 强大了太多。

（3）新增一些表单元素，如表 3.3 所示。

表 3.3　表单元素

元素	描述
<datalist>	元素规定输入域的选项列表使用 <input> 元素的 list 属性与 <datalist> 元素的 id 绑定

续表

元素	描述
\<keygen\>	提供一种验证用户的可靠方法，标签规定用于表单的密钥对生成器字段
\<output\>	用于不同类型的输出，比如计算或脚本输出

（4）多媒体，如表 3.4 所示。

表 3.4　多媒体元素

元素	描述
\<video\>	用于播放视频
\<audio\>	用于播放音频

多媒体标签 \<video\> 跟 \<audio\> 应该是我们最期待的了，\<video\> 可以非常方便地播放视频。你可能只需要在 HTML 中写入下面这条标签：

```
<video src="video.mp4" controls="controls"></video>
```

其中，src 属性代表视频资源的路径，controls 代表控制栏，即调节声音、播放进度、是否全屏等。

\<video\> 标签同样可以通过 width、height 属性来控制大小、调节窗口，通过 loop 属性来决定是否循环播放，通过 autoplay 属性来决定是否自动播放等。\<video\> 支持的视频编码格式有 Ogg、MPEG4、WebM 三种，也随着浏览器的支持程度的不同而改变。

利用另一个音频标签 \<audio\> 同样可以写出一个音乐播放器。

```
<audio src="music.mp3" controls="controls"></audio>
```

\<audio\> 支持的音频格式有 Ogg Vorbis、MP3、Wav。它与 \<video\> 属性类似，如同样是通过 controls 来显示控制栏，不过没有自动播放属性 autoplay。

（5）HTML5 的另一个新的很强大的特性就是图形化处理——Canvas。

Canvas 很强大，它是一个容器，预制了一系列的 API，配合 JavaScript 代码可以绘制出炫酷的 2D 动画、图像。例如：

```
<!DOCTYPE html>
<html lang="en">
<head>
    <meta charset="UTF-8">
    <meta name="viewport" content="width=device-width, initial-scale=1.0">
    <meta http-equiv="X-UA-Compatible" content="ie=edge">
    <title>HTML5新增哪些特性 </title>
</head>
<body>
    <canvas id='canvas'></canvas>
```

```
<script>
    //one
    var c=document.getElementById("canvas");
    var ctx=c.getContext("2d");        // 很遗憾，目前 Canvas 还设置不了 3d
    ctx.beginPath();                   // 开始画了，这里是开始路径的意思
    ctx.moveTo(20, 20);                // 画起始点位
    ctx.lineTo(20, 100);               // 画第 1 根线：(20, 80)=>(70, 100)
    ctx.lineTo(70, 100);               // 画第 2 根线：(20, 100)=>(70, 100)
    ctx.strokeStyle="green";           // 设置线条的颜色，这里设置属性的后面再说
    ctx.stroke();                      // 线条实际画出来
</script>
</body>
</html>
```

在 HTML 中只需要配合一个 <canvas></canvas> 标签。Canvas 提供了基础的点（半径大了就是圆、弧）、线（路径）、矩形（填充）、渐变、导入图片等，通过这些基础的图形、点与线可以绘制出美轮美奂的图形、动画。此外，HTML5 还提供了强大的选择器，如 nth-child、nth-last-child、nth-of-type、nth-last-of-type、last-child、only-child、disable、not、empty，以及一系列供 JavaScript 操作的入口。

有缓存的 LocalStorage / SessionStorage，用于即时通信的 WebSocket，相较于传统的短连接轮询或长连接，服务端主动推送更高效，性能也更好。

相比于原生 document.getElementById / document.getElementsByTagName 而言，query Selector / querySelectorAll 更加通用、强大。

3.1.3 HTML5 带来怎样的创新

与 HTML1~HTML4 不同的是，HTML5 带来了以前从未有过的思维模式的改变。它让 HTML 脱离了只作为展示文本标记语言的单一功能，使 HTML 更像一种标签就带着功能的功能集。HTML5 很强大，它带来了怎样的创新呢？如图 3.3 所示。

图 3.3　HTML5 新思想

（1）网络标准的统一：HTML5 标准由 W3C 推荐，有利于各大厂商浏览器实现标准的统一，对广大的开发者更是福音。

（2）语义化：语义化可以说是 HTML5 一个很重要的新思想，每一种标签，骨架中每一部分都清清楚楚，头部是 <header>，文章是 <article>，段落是 <section> 等，让使用者或维护者一目了然，用起来更加舒适和便捷。

（3）标签功能化：HTML5 的标签不再是局限的文本文档标记，而是某个功能的入口，这是它另外一个重要的思想创新。比如 canvas 画布标签不再是标签，而是画布功能的集合与入口，通过它，我们可以手握笔尖、奋笔挥毫。

（4）功能内置：HTML5 更多功能内置，浏览器功能更加强大，开发者减少了很多重复性的、烦琐的开发工作，能把更多的时间用在对业务、图形界面、用户体验的思考上。

（5）多设备、跨平台：HTML5 另一个创新是跨平台。无论是 Windows、IOS，还是 Android 都有浏览器，浏览器本身就是跨平台的，运行在这之上的 JavaScript 也是。HTML5 所在的时代刚好是移动端的流量时代，多设备、跨平台应用更为广泛。

3.2　CSS 样式层

HTML 是网页的骨架，但只拥有骨架是不行的，还得"穿衣""梳理头发"等，CSS 就是用来做这件事的。简单点说，CSS 就是一个人的外观，好不好看均由 CSS 决定。

3.2.1　CSS 是什么

CSS（Cascading Style Sheets）表示层叠样式表，我们可以将网页理解成一份后缀名为 .html 的 Word 文档。我们编写 Word 文档的时候，可能要改字体、颜色，画文本框，移动文本框，插入艺术字，调整字体间距、行间距等，而这些调整在网页中就是由 CSS 来完成的。通过写入各种各样的 CSS 样式，可以让网页变得丰富多彩。简单来看一下 CSS 的代码：

```
html, body, div, ul, li, p{
    margin: 0;
    padding: 0;
}
div{
    color: #ff0000;
}
p{
```

```
    line-height: 30px;
}
```

CSS 其实很简单，就是通过选择器定位页面上的元素，如 \<div\>、\<p\> 标签，并给它们设置各种各样的样式。例如，以上代码中设置了 \<div\> 标签里内容的字体颜色是红色、\<p\> 标签内行高是 30 像素。

1994 年，哈坤·利提出了 CSS 的设想，而当时伯特·波斯正在设计一个名为 Argo 的浏览器，于是他们决定一起设计 CSS。其实，当时在互联网界已经有一些统一样式表语言的建议了，但 CSS 是第一个有"层叠"含义的样式表语言。在 CSS 中，一个文件的样式可以从其他的样式表中继承。

层叠样式的一个特点就是样式有优先级，同一优先级中，后写的的样式会覆盖先写的样式，这样用户在引用 UI 库或插件时就可以根据业务需求或个人喜好灵活地改变原有设计；另一个特点类似 PhotoShop 画图工具的多图层叠加，z 轴高的图层也会遮住 z 轴低的图层。

CSS 是样式层，它需要将 HTML 作为载体。CSS 样式代码作用于页面可以通过以下三种方式。

（1）外链式 CSS：通过 \<link\> 的方式来链入外部 CSS，如图 3.4 所示。

```
<!DOCTYPE html>
<html lang="en">
<head>
    <meta charset="UTF-8">
    <meta name="viewport" content="width=device-width, initial-scale=1.0">
    <meta http-equiv="X-UA-Compatible" content="ie=edge">
    <title>我是title哦</title>

    <link rel="stylesheet" href="style/common.css">        外链CSS

</head>
<body>
    <input type="date">
```

图 3.4　外链式 CSS

（2）内联式 CSS：直接在 \<div\> 上写入 CSS。这种方式难以维护，并且 HTML、CSS 不分离，不推荐使用，如图 3.5 所示。

```
<div style="width: 100px; height: 100px; position: absolute; transition: 1s; transform: rotateZ(90deg)"></div>
```

图 3.5　内联式 CSS

（3）嵌入式 CSS：在 \<head\> 头部嵌入 \<style\> 标签，并且在内部写 CSS，如图 3.6 所示。

```
<!DOCTYPE html>
<html lang="en">
<head>
    <meta charset="UTF-8">
    <meta name="viewport" content="width=device-width, initial-scale=1.0">
    <meta http-equiv="X-UA-Compatible" content="ie=edge">
    <title>我是title哦</title>

    <link rel="stylesheet" href="style/common.css">
    <style>
        .parent-box{                    在head头部嵌入style标
            width: 100px;               签，并在内部写CSS
            height: 100px;
        }
        .children{
            height: 100%;
        }
    </style>
</head>
<body>
```

图 3.6　嵌入式 CSS

3.2.2 CSS 预处理之 Less、Sass

先来看看传统的 CSS 样式是如何编写的。

（1）你可能不得不重复性地编辑某个相同的属性样式，如图 3.7 所示。

```
.grand-parent{
    color: □#fff;
    border: 1px solid □#ccc;
}
.parent{
    color: ■#ccc;
    border: 1px solid ■#ccc;
}
.children{
    color: □#fff;
}
```

图 3.7　重复性样式编辑

（2）你也可能要用多层选择设置样式，如图 3.8 所示。

```
.top-right > li:hover{
    background-color: ■#175EA9;
}
.top-right > li.open > a{
    background-color: ■#175EA9;
}
```

图 3.8　多层选择

（3）你还可能需要处理兼容性，如图 3.9 所示。

```
.progress-bar .bar-bg,
.progress-bar .bar-fg {
  position: absolute;
  border-radius: 1.5px 1.5px 1.5px 1.5px;
  -webkit-border-radius: 1.5px 1.5px 1.5px 1.5px;
  -moz-border-radius: 1.5px 1.5px 1.5px 1.5px;
}
```

图 3.9　兼容处理

（4）在同样的右内边距中，采用原生 CSS 时，你甚至有可能不得不这样做：

```
.pr0 {
  padding-right: 0px!important;
}
.pr3 {
  padding-right: 3px!important;
}
.pr5 {
  padding-right: 5px!important;
}
.pr10 {
  padding-right: 10px!important;
}
.pr15 {
  padding-right: 15px!important;
}
.pr20 {
  padding-right: 20px!important;
}
.pr25 {
  padding-right: 25px!important;
}
.pr30 {
  padding-right: 30px!important;
}
.pr35 {
  padding-right: 35px!important;
}
.pr40 {
  padding-right: 40px!important;
}
.pr45 {
  padding-right: 45px!important;
}
```

CSS 预处理器就是来解决上述问题的，简单来说，预处理器与原生 CSS 的写法类似（减少学习成本），减少了代码量，减少了原生 CSS 烦琐的重复性工作。写得更少，做得更多，使 CSS 具备动态语言的特征。

Less 是预处理器的一种，相比于原生 CSS，它提供了变量、继承、参数、运算、函数、混合、嵌套等强大的能力。

（1）变量：通过预先定义好的变量，可批量修改后续内容。

```less
@color: #f00;
@line-height: 30px;
div{
    color: @color;
}
p{
    line-height: @line-height;
}
```

（2）混合：样式中直接挂载类名。

```less
.tc{
    text-align: center;
}
.parent{
    .tc;
}
```

（3）参数：通过传入的参数减少属性一致但属性值不同的样式。

```less
//   参数
.border-radius(@params:1.5px 1.5px 1.5px 1.5px) {
    border-radius: @params;
    -webkit-border-radius: @params;
    -moz-border-radius: @params;
}
```

（4）嵌套：可以用父元素包裹子元素设置样式。

```less
.progress-bar {
    .bar-bg, .bar-fg{
        position: absolute;
        .border-radius();
    }
}
```

（5）函数：使 CSS 像 JavaScript 一样具备"灵魂"。

```less
//   函数
.box(1)                 {width: 11}
.box(2)                 {height: 22}
.box(@x) when (default()) {left: @x}
// 这就是当调用 box 类时根据传入的参数，类似于 switch case，会自动调用
```

```
// .box(1); // 相当于 {width: 11}，传入的参数是 2，所以匹配的是第 2 种情况
// .box(3); // 相当于 {left: 3}，传入的参数是 3，非 1 也非 2，所以匹配第 3 种情况
.width11{
    .box(1);
}
.left30{
    .box(30);
}
```

Sass 也是 CSS 预处理中的一种，从基本的使用层面上讲，Less 与 Sass 实际差别不大，甚至可以说 Less 在一些简单的应用上较 Sass 更好用，因为 Less 上手简单，而且编译环境较友好，用 Less.js 就能轻松搞定。

在一些较复杂的应用中，Sass 以编程的方式写 CSS。与 Less 相比，Sass 在函数的处理上更为强大，这种模式的编程更符合程序员的思维逻辑。另外，Sass 有一个非常强大的库 Compass，增加了使用的便捷性。这也是 Sass 在社区的讨论度与框架的应用度都较 Less 更为广泛的原因。下面介绍 Sass 的语法：

处理兼容性问题，Less 参数用了 @，而 Sass 用了 $。

```
@mixin box-shadow($shadows...) {
    -moz-box-shadow: $shadows;
    -webkit-box-shadow: $shadows;
    box-shadow: $shadows;
}
.shadows {
  @include box-shadow(-2px 2px 5px #ccc);
```

下面我们来看看 Sass 和 Less 在使用函数上的区别。

Sass 是支持 if{}else{}（Less 是通过 when）、for 等循环方式的，而 Less 是不支持 for 的，Less 只能通过 loop 递归的方式实现，用起来不直观。下面介绍 Sass 的函数：

```
@for $i from 1 to 10 {
    border-#{$i} {
        border: #{$i}px solid blue;
    }
}
```

Compass 给 Sass 带来了强大的生命力，编程化的思想为未来提供了无限想象的可能。Compass 中有很多封装好的 Mixin，如合成精灵图等，使我们很方便地写出兼容的样式。

上面讲的两个 CSS 预处理器都很不错，总的来讲，Less 适合新手，更容易上手，而 Sass 适合有经验的工程师，方便他们进行各种 DIY。

3.2.3　CSS3 带来的变化

CSS3 相对于 CSS 之前的版本而言，有很大的变革，CSS3 增加了一些很强大的功能，

如伪类、动画 GPU 加速、透明度、阴影、3D 变换等，可以更方便地做出好看、炫酷的界面。原来不得不通过 JavaScript 实现的动画、特效，用 CSS3 也能显示，并且动画更加流畅，能带来极致的视觉体验。

CSS3 降低了 JavaScript 在网页中的开销——由于浏览器在运行过程中 JavaScript 的开销比较高，一些简单的特效和交互（如 hover）交给 CSS，既能减少开发工作量，也能提升页面性能，优化了用户体验。

3.3 JS 行为层

如果说 HTML 是一个人的骨架，CSS 则是一个人的外观、样貌，但只有这两者还不行，还要有表达能力。JavaScript 犹如人的灵魂，赋予了 HTML 动态行为表达的能力。

3.3.1 何为 JavaScript

JavaScript 由三部分组成：ECMAScript、DOM、BOM。ECMAScript 是核心解释器、DOM（Document Object Model）是文档对象模型、BOM（Browser Object Model）是浏览器对象模型。

ECMAScript 也是一种语言，它本身不包含输入和输出的定义；ECMA-262 规定了语法、类型、语句、关键词、保留字、操作符、对象，ECMAScript 就是对实现该标准规定的各个方面内容的语言描述。JavaScript 实现了 ECMAScript。

ECMAScript 的功能更多是在于实现语言本身的特质，例如，对各种数据结构的处理和数据类型的定义，如六大基本类型（ES6 新增 Symbol 类型）；语言保留字，如 int、float、double 等（C 语言是鼻祖）；各种语句，如 for、if / else、switch 等；操作符，如短路 "||" 断路 "&" 等。

DOM 主要包含了获取元素、修改样式、操作元素三个方面的内容，我们绝大部分操作都是 DOM 操作。DOM 对象可以直接在 Chrome 浏览器输入 window，按回车键，打开里面的 document，如图 3.10 所示。

图 3.10 中，可以看到的属性其实有很多，经常用到的获取元素操作是 getElementBy 系列，HTML5 新增的 querySelector、querySelectorAll，事件（addEventListener、remove EventListener、onclick、onclose、onmouseover、各种 on 等），create 系列（创建 dom、fragment 等），节点（childNodes、children、firstChild、append、appendChild、removeChild 等），location，cookie 等，图 3.10 只是截出的一小部分，读者可以自行在浏览器上查找。

```
         top                              Filter                        Default le
   ▶ doctype: <!DOCTYPE html>
   ▶ documentElement: html
     documentURI: "http://127.0.0.1:5500/writing/articleCode/%E7%AC!
     domain: "127.0.0.1"
   ▶ elementFromPoint: f elementFromPoint()
   ▶ elementsFromPoint: f elementsFromPoint()
   ▶ embeds: HTMLCollection []
   ▶ evaluate: f evaluate()
   ▶ execCommand: f execCommand()
   ▶ exitPictureInPicture: f ()
   ▶ exitPointerLock: f exitPointerLock()
     fgColor: ""
   ▶ firstChild: <!DOCTYPE html>
   ▶ firstElementChild: html
   ▶ fonts: FontFaceSet {onloading: null, onloadingdone: null, onlo
   ▶ forms: HTMLCollection []
   ▶ getElementById: f getElementById()
   ▶ getElementsByClassName: f getElementsByClassName()
   ▶ getElementsByName: f getElementsByName()
   ▶ getElementsByTagName: f getElementsByTagName()
   ▶ getElementsByTagNameNS: f getElementsByTagNameNS()
   ▶ getRootNode: f getRootNode()
   ▶ getSelection: f getSelection()
   ▶ hasChildNodes: f hasChildNodes()
   ▶ hasFocus: f hasFocus()
   ▶ head: head
```

图 3.10 Document 对象（续）

注意，有些浏览器版本直接打开可能查不到一些方法类属性，如 querySelector，所以可以采用以下代码输出：

```
var map = {}
for(var i in document) {
    map[i] = document[i];
}
console.log(map);
```

BOM 包含了浏览器的一些操作，如 window.open、window.alert、window.close 等。由于各个浏览器厂商对浏览器的不同规定，所以 BOM 兼容性相对较差。

BOM 的属性可以在 window 中找到，在浏览器的控制台输入以下代码：

```
var map = {}
for(var i in window) {
    map[i] = window[i];
}
console.log(map);
```

可以看到，document 对象只是 window 对象中的一个属性而已，如图 3.11 所示。

```
>  document
<    ▶#document
>  window
<    ▼Window {parent: Window, opener: null, top: Window, length: 0, frames: Window, …}
       ▶document: document
         name: ""
       ▶customElements: CustomElementRegistry {}
       ▶history: History {length: 1, scrollRestoration: "auto", state: null}
       ▶locationbar: BarProp {visible: true}
       ▶menubar: BarProp {visible: true}
       ▶personalbar: BarProp {visible: true}
       ▶scrollbars: BarProp {visible: true}
       ▶statusbar: BarProp {visible: true}
       ▶toolbar: BarProp {visible: true}
         status: ""
         frameElement: null
       ▶navigator: Navigator {vendorSub: "", productSub: "20030107", vendor: "Google Inc.",
         origin: "http://127.0.0.1:5500"
       ▶external: External {}
       ▶screen: Screen {availWidth: 1536, availHeight: 824, width: 1536, height: 864, colorD
         innerWidth: 290
         innerHeight: 754
         scrollX: 0
         pageXOffset: 0
         scrollY: 0
```

图 3.11 window 对象

BOM 包含的对象有很多，如用于导航的 location 对象与 history 对象，可以获取浏览器、操作系统与用户屏幕信息的 navigator 与 screen 对象，可以通过 HTML5 新增的 LocalStorage / SessionStorage 来做短时存储，可以使用 setInterval / setTimeout 来设置定时器，并使用 clearInterval 和 clearTimeout 来清除定时器，可以使用 document 作为访问 HTML 文档的入口，管理框架的 frames 对象。

3.3.2 ES6、ES7、ES8 概述

ES6 是 ECMAScript 2015 的简称（它是在 2015 年 6 月份正式发布的），是 JavaScript 的语言标准规范。与 ES5 及 ES5 之前的版本相比，ES6 提供了更为强大的功能与新特性，后续的 ES7 和 ES8 也增添了一些新特性。注意，以下未做特别声明的均为 ES6 的内容。

1. 块级作用域 let 和 const

ES5 的时候，一个 var 就能"走遍天下"，它既带来了方便，也带来了不少副作用。为什么这么说呢？因为在此之前，作用域只有全局作用域跟局部作用域。

window 是全局，function 是局部，if 语句、for 语句等的结构不是一个封闭的作用域，容易引起变量污染或泄漏，块级作用域"{}"的出现解决了这个问题。只要被大括号

包起来就都是一个块级作用域，要使某个变量仅在某块级作用域中生效，需要有某种不同于 var 的声明方式，这种不同的方式就是 let。

　　let 多用于声明块级作用域下的变量（可读可写）：

```
if(1){let a = ' 我是 a';}
// console.log(a);// 报错。a 未定义
if(1){var b = ' 我是 b';}
console.log(b);// 正常打印
for(var i = 0 ; i < 2 ; i ++){}
console.log(i);// 从 for 块域中泄漏出来了一个 i
for(let k = 0 ; k < 2 ; k ++){}
// console.log(k);// 报错没声明 k, k 只在 for 中有效果, 没有变量泄漏
// console.log(c);// 报错, 变量要先声明, 再使用
let c = '我是 c';
```

　　const 同样是声明块级作用域，但它用于声明常量。const 的效果基本和 let 一样。当你用 const 声明量的时候，js 在定义这个量的读写权限时，默认为只读，不能更改。这里说明一下，所谓的只读是指既不能修改指针地址，又不能修改指针里面的值。

```
const str1 = "hello,  how are you!";
// str1 = "hello";
// console.log(str1); // 报错, const 声明的常量不能修改
```

　　假如不是基本数据类型，而是引用类型呢？比如：

```
const arr1 = ["3213", 21];
arr1[1] = 100;
console.log(arr1);//arr1 被改变了
```

　　你可能会产生疑惑，既然是常量为何还能改变？这就是引用类型的魅力，实际上你操作的是同一个内存指针。

　　我们分析一下，指针是 arr1，值不是 ["3213", 21]，而是指向装有 "3213" 和 21 的内存地址，即 arr1 指针所对应的值（不能改变的值）实际上是存储了一个类似于 *p 的指针。只要这个指针不改变，那么 arr1 的值就不会改变。

2. 解构赋值

```
let [x, y, z] = [1, "2132", 4];
let {a, b, c} = {a : "dorseyCh", b : "24", c : " 男 "}
console.log(y);
console.log(a + ",  " + b + ",  " + c); // 注意右侧是可以直接拿一个对象数据替换的,
                                        // 无须一个一个、一层一层去取。
```

3. 箭头函数

　　原来的函数：

```
function helloWorld () {
```

```
    console.log("hello world");
}
```

改造成箭头函数后：

```
const helloWorld = () => console.log("hello world");
```

需要注意的是，箭头函数与原有的 function 关键字定义的函数有所不同，它既没有原型，也不能用 new 关键字实例化。当函数在全局环境下执行时，内部的 this 指向的不再是 window，而是 undefined。

4. Set、Map 新的数据结构

Set 和 Map 是 ES6 新增的数据结构。

Set 是一个类数组，它用 size 表示长度。Set 的最大特点是内部的元素不会出现重复，如果要做去重，那么用 Set 过一遍就可以了，比如：

```
const removeTheSame = array => Array.from(new Set(array));
removeTheSame([1, 1, 2, 3, 5, 7, 5]); // [1, 2, 3, 5, 7]，去重后的数组
```

Map 顾名思义，就是映射。Map 很像对象，但又不是对象。对象的 key 只能是 string 类型，而 Map 内部的 key 可以由各种类型充当。下面介绍 Map 数据：

```
const map = new Map([["name", "dorsey"], ["age", 24]]);
console.log(map);
```

5. 各类简写

各类简写如图 3.12 所示。

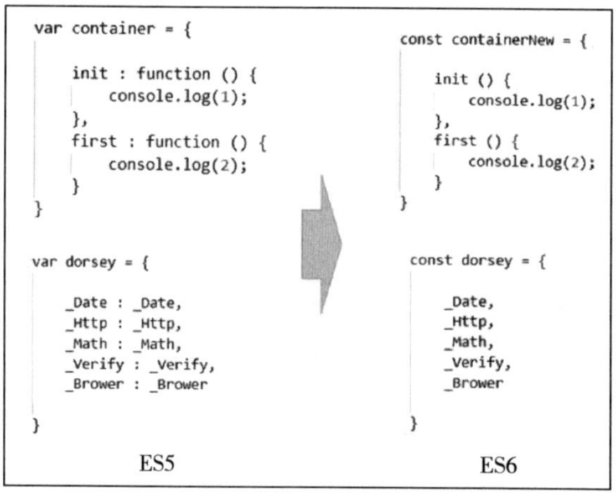

图 3.12　兼容处理

6. Promise（ES6）和 async/await（ES7）

Promise 如下：

```
new Promise(function(resolve) {
    console.log('1');
```

```
    resolve();
}).then(function() {
    console.log('2');
});
```

async/await 如下：

```
/*=====async/await：让写异步代码像写同步一样直观 =====*/
const asyncPro = async (url) => {
    try {
        let data = JSON.parse(await getURLData(url));
            console.log(data);
    }catch (err){
        console.log(err);
    }
}
asyncPro("src/json/dorsey.json");
```

7. 模块化编程

输出模块：

```
export const module = {

    init () {

    },
    data: {
        name: "dorsey",
        age: 25
    }
}
```

输入模块：

```
import { module } from "./3.3.3.module.js";
const dorsey_module = {
    module
}
console.log(dorsey_module);
```

8. 模板字符串

```
let dom = `<div>${dorsey_module.module.data.name}</div>`;
console.log(dom);
```

9. Symbol 数据类型

JavaScript 原来有六大原始数据类型：Number、String、Boolean、Undefined、Null、Object。

ES6 新增了一种数据类型 Symbol。Symbol 表示独一无二的值，非常适合用于拓展大型对象，因为值是独一无二的，不会发生属性的值被覆盖的情况。

```
let mySymbol = Symbol(),
    a = {};
Object.defineProperty(a, mySymbol, { value: 'Hello!'});
```

10. ES6、ES7、ES8 新增的方法

（1）ES6 新增的方法。

repeat()：兼容性暂时较差，建议少用。

```
'abc'.repeat(2);
```

for of：for in 遍历的是数组的索引，for of 遍历出来的是数组的值。

```
let arr = ['a', 'b', 'c'];
for(let item of arr) {
    console.log(item);
}
```

Object.keys：

```
let obj = { name: "dorsey", age: 24 };
Object.keys(obj); //["name", "age"]
```

此外还有 forEach()、map()、filter()、reduce()、some()、every() 等。

（2）ES7 新增的方法。

Array.prototype.includes（数组原生对象原型新增 includes 方法）：

```
console.log([1, 2, 3, 4].includes(4));  // true
```

Exponentiation Operator(求幂运算)：

```
console.log(8 ** 3); //512，即 8 的 3 次方，传统需通过 Math.pow() 函数
```

（3）ES8 新增的方法。

padStart()/padEnd()，字符串填充：

```
console.log('x'.padStart(12, 'ab'));  // "ababababababx"
console.log('x'.padEnd(7, 'ab'));      // "xababab"
```

Object.values/Object.entries：

```
let obj1 = { name: "dorsey", age: 24 };
console.log(Object.values(obj1));  //["dorsey", "24"]
let obj2 = { name: 'bar', age: 24 };
console.log(Object.entries(obj2)); // [ ["name", "dorsey"], ["age", 24] ]
```

第**3**篇 分条目详解
性能优化

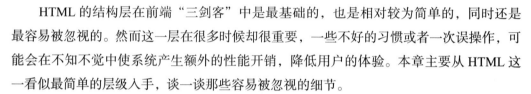

第4章 HTML 层级优化

HTML 的结构层在前端"三剑客"中是最基础的，也是相对较为简单的，同时还是最容易被忽视的。然而这一层在很多时候却很重要，一些不好的习惯或者一次误操作，可能会在不知不觉中使系统产生额外的性能开销，降低用户的体验。本章主要从 HTML 这一看似最简单的层级入手，谈一谈那些容易被忽视的细节。

本章主要内容有：

- 标签的属性及模板引擎；
- 一些容易被忽略的细节。

4.1 化繁为简

我们在前面提到过，无招胜有招才是最高明的做法，一些花哨的做法可能初看会使用户眼前一亮，但实际上并不利于后续的使用。

假如代码是一款产品，那么写代码的人和后续的维护人员都是这款产品的用户，如果代码写得简单，后续维护起来也会特别方便。

对于浏览器而言，一个网页的 .html 文件其实就是某种格式的数据、字符串而已。

4.1.1 减少 HTML 的层级嵌套

一个网页或一份 .html 文件对于浏览器来说，实际上仅仅是一串非常长的字符串。我们印象中的 HTML 是这样的：

```
<!DOCTYPE html>
<html lang="en">
<head>
    <meta charset="UTF-8">
    <meta name="viewport" content="width=device-width, initial-scale=1.0">
    <meta http-equiv="X-UA-Compatible" content="ie=edge">
    <title>Document</title>
```

```
</head>
<body>
    <div> 你好哇 </div>
</body>
</html>
```

对于浏览器来说，以上内容都是字符串，它并不在意写得是否优雅。它的眼中的
HTML 可能是图 4.1 所示的样子。

```
<!DOCTYPE html><html lang="en"><head><meta charset="UTF-8">
<meta name="viewport" content="width=device-width, initial-scale=1.0">
<title>Document</title></head><body><div>你好哇</div></body></html>
```

图 4.1　浏览器眼中的 HTML

浏览器在解析 HTML、创建 DOM 树的过程中，基本会循环下面三个步骤。

（1）遇到字符 < 时，状态更改为"标记打开状态"。

（2）当接收一个 a~z 字符时，会创建"起始标记"，状态更改为"标记名称状态"，
并保持状态到接收 > 字符时。
此期间的字符串会形成一
个新的标记名称。接收到 > 字
符后，将当前的新标记发送
给树构造器，状态改回"数
据状态"。

（3）当接收下一个输入
字符 / 时，会创建关闭标记、
打开状态，并更改为"标记名
称状态"。当接收 > 字符时，
会将当前的新标记发送给树构
造器，并改回"数据状态"。

浏览器在创建解析器的
同时，也会创建 document 对

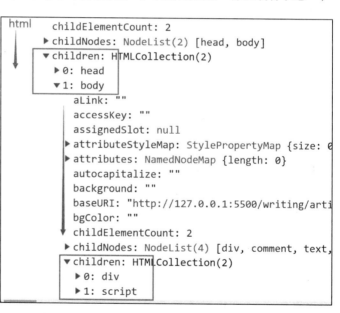

图 4.2　document 对象

象。在树构建阶段，以 document 为根节点的 DOM 树会不断进行修改，添加各种元素。标
记生成器发送的每个节点都会由树构建器进行处理。

每个标记都有对应的 DOM 元素，这些元素会在接收标记时创建。我们可以在浏览器
中打印出 window，找到 document 对象，当我们写的标签多一层时，整个对象就会多一层，
同时也多出很多属性和值，如图 4.2 所示。

也就是说，浏览器在解析 HTML 文件并构建 DOM 树的过程中，会将我们写的标签
向 DOM 树中挂载，层级越深，DOM 树就越深。DOM 树在实际的访问中是需要遍历的，

用一个最简单的例子来说明。

下面是步伐为 1 的一层的 for 循环 O(n)，你会觉得非常快：

```
for( let i = 0; i < o.length; i ++ ) {
    console.log(i);
}
```

下面是步伐为 1 的两层的 for 循环 O(n²)，这时的速度勉强达标：

```
for( let i = 0; i < o.length; i ++ ) {
    for( let j = 0; j < 6; j ++ ) {
        // ...
    }
}
```

假如出现三层以上，那么此时的速度恐怕很多人会接受不了，因为每增加一层，遍历的时间、复杂度都呈指数增长。

虽然浏览器有非常强大的遍历算法优化，但再强大的算法也无法将时间设置为 0。也就是说，在构建 DOM 树的过程中，层级越深所需的时间会越长，计算时所消耗的内存就越大。讲到这，减少标签层级的好处相信很多读者都明白了，笔者不再过多阐述。

如果通过 MVVM 框架来写组件，那么组件的嵌套和标签嵌套的层数是不是就可以不管了？其实不是的。

我们以 Vue 为例，说明上述问题。我们将无关代码去除，只看 compile 函数部分。

```
function compile (el) {
    let ele = document.querySelector(el);    // 获取元素信息
    let fragment = document.createDocumentFragment();    // 创建文档对象
    let child;
    while(child = ele.firstChild) {
        fragment.appendChild(child);
    }
    ele.appendChild(fragment);
}
```

上述代码就是创建一个 Fragment（文档碎片），并将取到的 DOM 元素的子节点一个个地往 Fragment 中堆，直至 DOM 元素中的子节点全部取完。

图 4.3 所示为较为形象地映射一个中间 DOM 出来的情况。

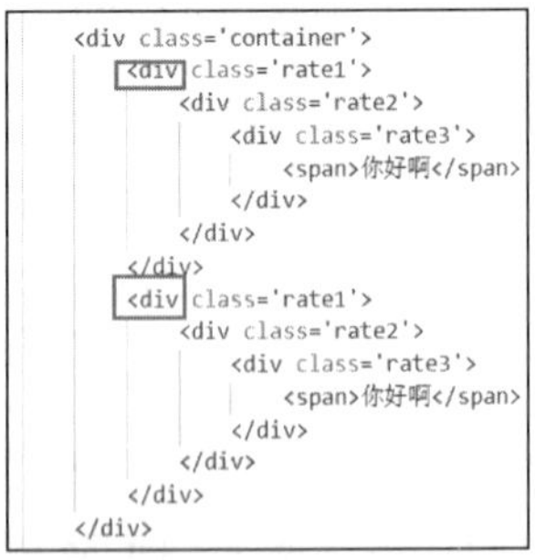

图 4.3　在 Fragment 中增加标注的子级

上面这部分层级嵌套的深浅不会影响到这段 compile 函数代码执行的性能。

关键是下面这部分，接下来的操作就不是单纯的向数组中堆了。后面主要通过 replace 函数，将对应的 DOM 节点与对应数据的 setter 和 getter 绑定并更新替换成数据。replace 函数中有一段如下内容：

```
if(node.childNodes.length) {
    replace(node);
}
```

replace 的实现实际上是一种递归算法，每多一层嵌套，递归的深度就多一层。这样会增加运行时长，内存的占用也会增加，而这些问题都是开发人员多写了几层嵌套造成的。

无论是通过传统的方式，还是 MVVM 框架自定义模板组件的方式，层级嵌套都不宜过深，如果组件中组件，甚至组件中组件的组成还是组件，就可以从业务上重新考虑是否需要细化。组件的嵌套不宜过深，最好不要超过 3 层，否则可能会带来另一个问题，即父子组件间通信的代价。

4.1.2　减少空标签、无用标签的滥用

举一个例子说明减少空标签、无用标签滥用的情况。假设我们要做一个平行四边形，如图 4.4 所示。

图 4.4　平行四边形

HTML 的所有标签元素其实都是一个长方形，如果想要做成平行四边形效果，就要用到三个标签（1 主 2 空），其中两个标签实际上是空的，只是提供一个三角形的样式展示，除此之外，没有其他任何的作用。

此时的 HTML 结构中就因为做这个效果而多了两个空标签，这两个空标签不但没有必要，甚至还干扰后续开发维护人员。

那比较推荐的做法是什么呢？就是定义一个梯形类，通过 :before、:after 伪类完成两个空标签的功能。比如 HTML 可能只需要：

```
<div class='rhomboid'>你好哇</div>
```

将 rhomboid 的样式这样定义：

```
.rhomboid{
width: 70px;
    font-size: 20px;
```

```
    color: #fff;
    background-color: rgb(61, 140, 232);
    margin-left: 60px;
    text-align: center;
    line-height: 50px;
    position: relative;
}
.rhomboid::after{
    content: ";
    position: absolute;
    border-top: 50px solid rgb(61, 140, 232);
    border-right: 25px solid transparent;
    top:0;
    right: -25px;
    clear: both;
}
.rhomboid::before{
    content: ";
    position: absolute;
    border-bottom: 50px solid rgb(61, 140, 232);
    border-left: 25px solid transparent;
    left: -25px;
}
```

这样运行后就不会产生空标签了，后续人员在复用的时候也会很简单，既提高了性能，又减少了多人协作的沟通成本，何乐而不为呢？

当然还有其他做法，如利用 canvas，但 canvas 通常用来画 CSS 画不出来的东西或制作一些较复杂的动画等，用在这里有些"大材小用"。

在实际的开发过程中，空标签、无用标签被用到的机会很少。一些大的互联网公司除了有后端的代码审查之外，还会有前端的代码审查，所以出现这种垃圾代码的概率偏低。如果遇到要用空标签的情况，不妨换一种解决思路。

4.2 标签属性及模板

HTML 层级对性能影响较大的其实是标签的属性，此外还要注意 DOM 被频繁操作导致的浏览器被频繁 Reflow 和 Repaint。这些问题具体是怎么影响性能的，又可以通过怎样的方式来优化呢？

4.2.1 标签的 Style 属性

标签的 Style 属性不仅在前端开发中很重要，在大部分的 Java 开发中也会用到。曾经的前端"三剑客"不分家的重要因素就是标签的 Style 属性。

Style 属性主要用来在标签上写样式，即 CSS，你可能会看到这样的 HTML：

```
<div style="text-align: center;
            color: #fff;
            background-color: #000;
            width: 100px;
            height: 100px;
            position: relative;">
    你好啊
</div>
```

与上面复杂的方式对比后，你会毫不犹豫地选择下面的方式：

```
<div class='hello'>
    你好啊
</div>
```

标签的 Style 属性允许直接在标签上写 CSS，这部分样式的优先级高于 ID 选择器。

对于浏览器来说，整个页面的元素在正常情况下都是非常多的。原来几个字符就能搞定的事情现在需要用一大串字符，浏览器要解析的 HTML 文件可能从原来的几百 B 变成几 KB 甚至十几 KB 或更多，文件大小被翻了好几番，降低了解析的性能，与此同时浏览器还需要判断哪些是标签，哪些是 CSS 样式。如果此时再插入一段 Script 脚本就更复杂了。

通过 Style 属性在 HTML 中插入样式，非常不利于维护，因为一个网页通常都是由统一风格的界面组成的，这样就会有非常多的样式可以被复用。假如采用 Style 来写样式，那么就不得不重复地写入更多的样式，开发效率极低。

这里同样举一个案例，来看一看通过 Style 属性嵌入样式与分离成 CSS 在整体性能上和可维护性上的差异。通过 Style 属性来写样式：

```
<!DOCTYPE html>
<html lang="en">
<head>
    <meta charset="UTF-8">
    <meta name="viewport" content="width=device-width, initial-scale=1.0">
    <meta http-equiv="X-UA-Compatible" content="ie=edge">
    <title>用 Style 写样式 </title>
</head>
<body style="margin: 0; padding: 0;">
    <div style="margin: 5px;
                padding: 0;
                color: rgb(245, 104, 79);
                width: 400px; height: 300px;
                background-color: greenyellow;
                text-align: center;">你好啊 </div>
    <div style=" margin: 5px;
                border: 1px solid rgb(37, 243, 216);
```

```
                    width: 400px;
                    height: 300px;
                    text-align: center;
                    box-sizing: border-box">hello world</div>
    <div style="margin: 5px;
                    padding: 0;
                    color: rgb(245, 104, 79);
                    width: 400px; height: 300px;
                    background-color: greenyellow;
                    text-align: center;"> 你好啊 </div>
    <div style=" margin: 5px;
                    border: 1px solid rgb(37, 243, 216);
                    width: 400px;
                    height: 300px;
                    text-align: center;
                    box-sizing: border-box">hello world</div>
</body>
</html>
```

　　可以发现代码中有无限重复的地方，而且这里为了展示方便仅仅只写了 4 个 div 盒子，假如在实际的应用中按这样的方式写样式，每一个 div 盒子或其他的 HTML 元素都要重复写样式，那么最终整个 HTML 文件会大到难以想象。然而网速是固定的，文件越大，最终的性能就越差。

　　下面再来看一下嵌入式的代码：

```
<!DOCTYPE html>
<html lang="en">
<head>
    <meta charset="UTF-8">
    <meta name="viewport" content="width=device-width, initial-scale=1.0">
    <meta http-equiv="X-UA-Compatible" content="ie=edge">
    <title> 用嵌入的方式写样式 </title>
    <style>
        /* 为了展示方便，这里采用了嵌入的方式，实际工作最好都采用外链的方式引入 CSS，
这两者其实没什么大的区别，只不过将这里写的样式放到一个单独的 CSS 文件中而已 */
    html, body, div{
        margin: 0; padding: 0;
    }
    div{
        margin: 5px;
        width: 400px;
        height: 300px;
        text-align: center;
    }
    .first-box{
        background-color: greenyellow;
```

```
            color: rgb(245, 104, 79);
        }
        .second-box{
            box-sizing: border-box;
            border: 1px solid rgb(37, 243, 216);
        }
    </style>
</head>
<body>
    <div class='first-box'> 你好啊 </div>
    <div class='second-box'>hello world</div>
    <div class='first-box'> 你好啊 </div>
    <div class='second-box'>hello world</div>
</body>
</html>
```

观察代码发现，HTML 的结构与作为样式的 CSS 属性分离了，而不是在每个标签的位置写入样式。当有新加的 div 时，仅仅只需要添加下面两行代码：

```
<div class='first-box'> 你好啊 </div>
<div class='second-box'>hello world</div>
```

样式无须再写，可自动复用。总体看起来直观明朗，不仅文件体积小，加载性能高，而且后续维护起来也高效、简便。

4.2.2 标签的自定义属性

标签的自定义属性其实应用非常广泛，Vue 的 v-model 就是一个自定义属性。这些自定义属性用来存放一些临时性的东西，如一些事件、一些操作逻辑。代码如下：

```
<!DOCTYPE html>
<html lang="en">
<head>
    <meta charset="UTF-8">
    <meta name="viewport" content="width=device-width, initial-scale=1.0">
    <meta http-equiv="X-UA-Compatible" content="ie=edge">
    <title>Document</title>
</head>
<body>
    <!-- 头部 -->
    <header class="header pl" data-ImgSrc = "http:/.../dada.jpg" data-person-name="dorsey" data-person-sex = "man" style="text-align: center; color: #fff; background-color: #000;"></header>

</body>
</html>
```

可以在 <head>er 标签中看到很多自定义的属性，如 data-ImgSrc、data-person-name、data-person-sex 等，这些可以用来做一些临时性的数据保存。在语法模板当道的今天，一些传递给后台的交互请求参数可以临时保存在这里，当然这样做并不安全，可以用在一些不是特别重要的页面。

先看一下这些属性到底被"挂"到了 DOM 树的什么位置，如图 4.5 所示。

从图 4.5 中可以看到，每多一个属性就会向 DOM 树对应的位置填入该属性并附上对应的值。如果属性很多，这个 attributes 会变得很大。单个元素这样做时可能影响并不大，但假如页面有非常多的元素就会对性能产生一定的影响。不仅在 DOM 创建之初需要增加 key 和存上对应的值，后续数组的遍历同样会变慢。

图 4.5　自定义属性

合理的自定义属性可以使页面传值、参数传递变得更加便捷、快速。较多的自定义属性或元素随意增加自定义属性也会对页面性能产生一定的影响。比较推荐的一个做法是，将一个 DOM 块，比如一个组件单元的顶层，设置为自定义属性，因为一般情形下一个后台的请求会对应界面一块区域的显示。这样一块区域就可以作为一个单元，整个页面自定义的属性总数就不会很多了。

4.2.3 合理利用模板引擎

提到模板引擎，其实无论是 JQuery 时代的 template 还是 MVVM 框架自带的模板语法，又或是 ES6 提供的模板字符串，都是一种模板引擎。为什么用了模板引擎渲染，会比传统的方式快呢？下面来分析一下。

　　现有的响应式的 MVVM 框架引擎，如 Vue、React、Angular 等，都自带语法模板。利用框架自身所带的语法模板当然是最好的选择，但如果只是为了渲染一些小模板，直接工程化搭建一个项目出来显然有些大材小用了。这时候导入一个几千字节的小文件显然是不二的选择。目前比较常见的模板引擎如下。

- 百度：baiduTemplate.js。
- 阿里巴巴：juicer.js。
- 腾讯：artTemplate.js。
- 此外还有：doT.js，JQuery 作者开发的 tmpl.js。

　　不同的模板引擎，对页面的加载速度的优化不同。模板引擎到底是怎么提升页面性能的呢？接下来我们大致了解一下其原理及实现过程。它一般需要传入两个值，一个是目标模板的 ID，一个是 JSON 数据存放的变量 options。原理简化如下。

　　（1）通过符合某种特定规则的正则匹配，如 {%%}，将目标模板片段中的带有这种类型的片段匹配出来。

　　（2）将这些字符，替换成传入的数据，重新合成一个完整的字符串，注意此时是字符串，并且字符串里有 JavaScript 代码。

　　（3）通过 new Function 等方式将字符串作为参数传入，并执行这段 JavaScript 代码，重新拼合成一个完整的 HTML 片段。

　　接下来就是重新插入页面，插入时可以使用 innerHTML 或 append 等方式。不用 HTML 时，网页上数据的更新可能是这样的：

```
<div class='test'>
<ul></ul>
</div>
<script>
var domLi = '<li>' + d.name + '</li>' +
'<li>' + d.age + '</li>' +
'<li>' + d.sex + '</li>';
$('.test ul').append($(domLi));
</script>
```

　　用了模板引擎之后，就变成这样：

```
<div class='test'></div>
<script type='text/dc-tmpl' id = 'dorsey'>
    <ul>
        <li>{% d.name %}</li>
        <li>{% d.age %}</li>
        <li>{% d.sex %}</li>
    </ul>
</script>
```

从它的原理可以看出，无论模板引擎中的 JavaScript 要计算多久，总会比频繁操作 DOM 方便。有些人可能会这样操作：

```
for(var i in d) {
    $('.test ul').append('<li>' + d[i] + '</li>');
}
```

上述操作会造成页面频繁地重排、重绘，降低性能。

模板引擎做的事情就是，给它一个模板和一个数据源，它会返回一个字符串，我们只需把这个字符串以 innerHTML 等方式写入页面即可。

只在页面写一串字符串是非常快的，不会造成额外的运行负担。写完字符串，浏览器的 Reflow 和 Repaint 也只有一次，而且是局部性的，这样页面的性能就有可能提升。一些好的模板引擎，还会在内部实现步骤上下功夫，缩短这部分的时间，让最终的性能更好。

实验一下上面的案例，完整的代码展示如下：

```html
<!DOCTYPE html>
<html lang="en">
<head>
    <meta charset="UTF-8">
    <meta name="viewport" content="width=device-width, initial-scale=1.0">
    <meta http-equiv="X-UA-Compatible" content="ie=edge">
    <title>Document</title>
</head>
<body>
    <script src='../jquery.min.js'></script>
    <script src='../jquery.tmpl.min.js'></script>
    <div class='test'>
        <ul></ul>
    </div>
    <script>
        var d = {
            name: 'dorsey',
            age: 25,
            sex: '男'
        }
        var domLi = '<li>' + d.name + '/li>' +
                    '<li>' + d.age + '</li>' +
                    '<li>' + d.sex + '</li>';
                    $('.test ul').append($(domLi));
    </script>

    <div class='test'></div>
    <script type='text/x-tmpl' id = 'dorsey'>
        <ul>
            <li>{%= o.name %}</li>
```

```
            <li>{%= o.age %}</li>
            <li>{%= o.sex %}</li>
        </ul>
    </script>
    <script>
        var data = {
            name: 'dorsey',
            age: 25,
            sex: '男'
        }
        $('.test').html(tmpl('dorsey', data));
    </script>
</body>
</html>
```

最终页面的显示结果，如图 4.6 所示。

图 4.6　模板引擎渲染

4.3　容易忽略的细节

HTML 很多时候被优化的是细节方面的内容，看似最基础的就最容易被忽略，而有些细节对提升整体的页面性能有很大帮助，甚至可以优化 SEO，提高搜索排名。

4.3.1　Link 标签妙用

可能大多数人对 link 的印象主要停留在外链 CSS 资源上，比如最常见的反应就是：

```
<link rel="stylesheet" href="common.css">
```

现在 CSS 引用的方式由于合并的关系，更多地采用了如 @import 的 css3 用法，较少去看框架编译后的文件，link 更被忽视。实际上，link 能做的事远比想象中的多，特别是在 prefetch、preload 等预加载技术出现以后。

相对于 @import 同步的机制而言，多条 link 之间是异步加载，相互间并不会有阻塞的问题，浏览器在下载 link 关联的资源时不会停止对当前文档的处理，如果引用的是 CSS 文件且非常大时，在一定程度上还是会对渲染造成影响。link 大致有以下几个属性，如表 4.1 所示。

表 4.1　link 属性

属性	属性值	说明
href	URL	规定被链接文档的位置
hreflang	language_code	规定被链接文档中文本的语言
media	media_query	规定被链接文档将被显示在什么设备上
rel	alternate	规定当前文档与被链接文档之间的关系
	author	
	help	
	icon	
	licence	
	next	
	pingback	
	preload	
	prefetch	
	dns-prefetch	
	search	
	sidebar	
	stylesheet	
	prev	
	tag	
rev	reversed relationship	HTML5 中不支持
sizes	heightxwidth	规定被链接资源的尺寸，仅适用于 rel="icon"
type	MIME_type	规定被链接文档的 MIME 类型

注：link 的一些属性在不支持的浏览器中不会被解析。

link 是通过 rel 来定义文档的关联关系，我们主要看那些对性能有一定提升的。先来看 prefetch：

```
<link rel="prefetch" href="common.css" as="style">
```

网站性能的提升决定于缓存，能从缓存中加载资源就不去服务端加载。prefetch 的原理实际上就是利用浏览器的空闲时间先下载用户指定需要的内容，然后缓存起来，用户下次加载时，实际上是从缓存中加载，此时会发现请求的状态码是 304。

prefetch 最大的作用不在于当前页面，而在于后续可能会访问的页面上。dns-prefetch 其实也是一种预加载，只不过它是用来处理 DNS 解析的。

```
<link rel='dns-prefetch' href='http://www.dorsey.com'>
```

dns-prefetch 更多的是用来提前解析一些域名。在一些大型的导航网站、门户网站上可能有很多的网站链接，而用户可能之前完全没访问过这些链接，也就是说，域名对于客户端来说是完全陌生的。根据用户的浏览历史或习惯，dns-prefetch 会在浏览器空闲时预先将这个域名解析成 IP，当用户访问这些页面时会直接跳过 DNS 解析环节。

其实一些搜索引擎，如 google，就有这方面的优化，在上网过程中，可能会发现从搜索引擎搜索栏目进入某一页面要比直接在 URL 输入地址稍快，这是因为它会根据用户的搜索习惯，提前预加载一些网站的资源，从而达到降低访问时长的目的。再来看下 preload：

```
<link rel="preload" href="common.css" as="style">
```

preload 是一项新的 Web 标准，旨在提高性能，让 FE 对加载的控制更加粒度化。它让开发者有自定义加载逻辑的能力，免受基于脚本的加载器带来的性能损耗。

在实际工作中，你可能需要实现这样一个功能：在页面生命周期的某一刻执行一段可拔插的代码段，这时候你会怎么做？

传统的做法就是将这些代码放进某个 .js 文件中，再在对应的时间节点用 script 标签引入，执行完再删除。用 script 标签引入时有一个问题：需要发一个请求，从服务端下载这个 .js 文件，而这个过程会产生额外的时间消耗。如果这时候页面中已经有了这段代码，但它没有被执行，是否就可以了呢？答案是否定的，浏览器本身的机制对于 script 引入的 js 资源是加载后执行。那该怎么做呢？

这就是 link 的另一个妙用了。通过 preload 预先加载，这种异步预先加载的资源暂时不会被浏览器用到，也就不会被执行。当你需要执行时，再通过 script 引入，这时的引入资源与原来的不一样，读取的是事先存在的资源。

不管是原来的还是通过 preload 预加载的，都是通过触发条件 + 动态插入 script 标签引入，如下：

```
document.querySelector('.btn').addEventListener('click', function () {
    var script = document.createElement('script');
    script.src = 'point.js';
    document.body.appendChild(script);
});
```

preload 预加载时会在页面开始之初通过 link 插入这样一段代码：

```
<link rel="preload" href="point.js" as="script">
```

我们来看一下这两个有什么区别。打开浏览器的 Network，会发现当单击上方的 Java Script

代码段中类名为"btn"的按钮时，页面会发出一条请求，向服务端请求资源，此时可以看到如图 4.7 所示的请求。

Name	Status	Type	Size	Time	Waterfall ▲
⬛ point.js	200 OK	script	360 B 25 B	8 ms 7 ms	▮

图 4.7　未做 preload 预加载

注意：用 preload 实际上是一种拆东墙补西墙的做法，牺牲一部分首屏渲染时间，换来页面间更为顺畅的导航，这也是单页面导航，服务端 SSR 渲染常见的方式。

用 preload 预加载时，在页面开始之初，会多出一个请求，只不过这个请求是在浏览器空闲时完成的，而后续的操作如果需要这条资源时就可以不用请求服务器，这样在整体上页面性能更优，如图 4.8 所示。

Name	Status	Type	Size ▲	Time	Waterfall
⬛ point.js /writin...	200 OK	script	360 B 25 B	9 ms 7 ms	▮

图 4.8　preload 预加载

可以看到，perload 加载所花的时间与正常加载所花的时间虽然差不多，但此时点击按钮，浏览器并没有再次请求 point.js，而是直接执行已预先加载好的 point.js，这样就少了一次请求。

4.3.2 <img> 标签

<img> 标签跟性能提升有什么关系呢？众所周知，<img> 标签主要用于加载放置图片资源，而在一些多图网站中，可以通过预置小图，再懒加载大图的方式提高性能。后续会有专门的小节讲懒加载，这里不做阐述，这里要说的是 <img> 标签的设置对浏览器渲染的影响。

在一些网站中，某段时间在某个位置放了一张图片，这个时间过后图片可能会变动成另外一张。由于浏览器默认的 layout 方式是文档流，很多时候页面内容的变动都伴随着 Repaint，处理不好时还会有 Reflow。

假如这个位置的图片通过区域无刷更新的方式换了一张照片，而这张新的照片大小与原照片不一致，并且此时对 <img> 标签设置得不合理（比如未设定好固定的宽高），浏览器就会根据照片的大小，重新计算页面要展示的位置。就因为这一个小小的变动，基于文档流的后续节点都要跟着调整，最终造成整个页面重排，这对性能的影响无疑是很大的。

这种情况也有解决办法，可以给 <img> 标签设定一个固定的大小或外套一个其他设定好大小的标签，再将图片宽高设置成 100%。

<img> 标签中有一个 alt 属性，这个属性一般用于填写对图片的描述，也用于当图片无法正常显示时显示图片的替换文字。笔者看过不少开发的代码，alt 属性很多时候都是空的，可能是要兼顾开发效率，也可能是因为图片 src 变动较多，或者可能是图片本身并没有太大意义。

其实，少了 alt 属性值对性能没有什么影响，但在 SEO 优化中会产生影响。目前的爬虫程序对于各种媒体标签，如 audio、video 等，实际上只会抓取 <img> 标签，所以 <img> 标签中的 alt 属性就比较重要了。alt 属性是搜索引擎判断图片与文字是否相关的重要依据，alt 属性添加到 <img> 中的主要目的实际上是优化搜索引擎，比如网站的图片想要在百度图库中被找到，百度图库有跳转到源链接功能的功能，这也是流量的一种入口。

4.3.3　标签的 src 属性及 href 属性

标签的 src 属性及 href 属性一般用于加载资源。href 表示超文本引用，用在 link、a 等元素上，它表示引用和页面关联，是在当前元素和引用资源之间建立联系。src 表示某个资源的路径，用在 <img>、<script>、<iframe> 上，src 是页面内容不可缺少的一部分。

用这两个属性有时候会产生问题，比如 src 属性和 <link> 标签的 href 属性为空（值为空）时，一些浏览器可能把当前页面当成属性值加载。这种问题很多时候是很难查找出来的，可能只是觉得页面较慢，当开发人员在拼命找哪个请求很慢的时候，已经走偏了，因为实际上加载了两个页面，一个页面嵌套在另一个页面中。

在正常的问题排查过程中，很少有人去将整个 DOM 结构看一遍，费时费力且找到问题的可能性还很低，所以这就要求开发人员在平时的开发过程中养成良好的习惯，不滥用自带 href、src 属性的标签，有些不需要的标签可以用类似于 a 标签的写法来杜绝此类问题，尽量不弄成空的。

```
<a href="javascript:;"></a>
```

与 a 标签类似，iframe 也是自带 src 属性的标签，那它又有什么特别的地方？

<iframe> 在一些传统的网站或门户网站中很常见，这类网站不关注 SEO，对复杂的页面导航敏感度较低，加上 <iframe> 对资源的引用非常便捷，导航逻辑上也不复杂，较为直观（只不过耗费的浏览器资源成本较高），也可以解决不同域之间的页面嵌套问题。基于这几点，<iframe> 在这一类的 PC 端网站中还有一定的余量。

但不得不说，一个页面将另一个页面包括 document 整个嵌套进去，实际上对性能的影响比较大。一方面，由于 <iframe> 隔绝的特性，嵌套的页面本身引用的 CSS、js 资源在父页面可能已经存在，但 <iframe> 还要发出从服务端或者缓存重新读取加载的请求。

这种重复性的加载我们并不提倡，但 <iframe> 只能这样做。另一方面，<iframe> 对于 SEO 爬虫机器人是不可见的，就跟在 jsx、服务端渲染一样，目前的爬虫机器人并不能从 <iframe> 中拿到数据，这对于搜索引擎来说，得不到一个较好的排名，其实是比较可惜的。我们来看一下页面嵌入了 <iframe> 后的情况。

```
<!DOCTYPE html>
<html lang="en">
<head>
    <meta charset="UTF-8">
    <meta name="viewport" content="width=device-width, initial-scale=1.0">
    <meta http-equiv="X-UA-Compatible" content="ie=edge">
    <title>Document</title>
</head>
<body>
    我是 4.3
    <iframe src="4.1.html" frameborder="0" width = '600' height='400'></iframe>
</body>
</html>
```

看一下最终页面的 DOM 结构，如图 4.9 所示。

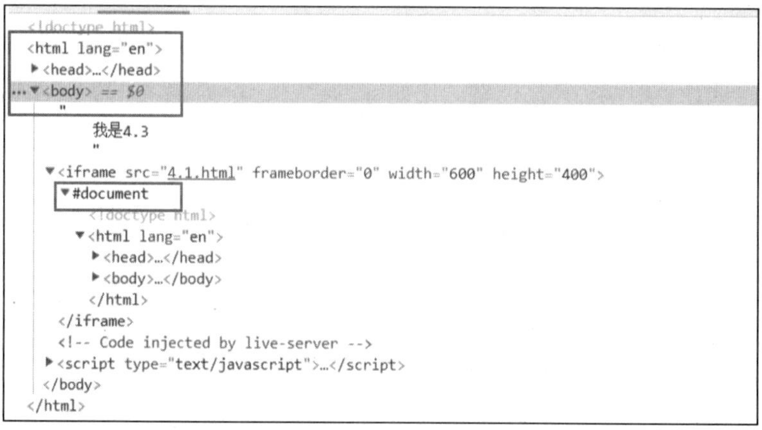

图 4.9　页面嵌入 <iframe>

当这类资源很多时，假如 <iframe> 是动态创建的，在一些可以查询最近浏览历史的网站中，用户单击导航，实际上有可能新建了一个 <iframe>，并将该 <iframe> 置于最前，原来的 <iframe> 还在，但是被隐藏了。

假如用户单击返回原来的页面，就会把原来的 <iframe> 重新置于最前。用户每单击一个新页面，对于底层容器页面而言，实际上就多一个非常大的 DOM 节点（整张页面），里面的事件和样式都在，这会影响页面的运行效率。单击的新页面越多，页面运行越慢，当然这些问题也有对应的优化方法，但无论怎么优化，采用该方式后再要求响应快、性能好是不太现实的。

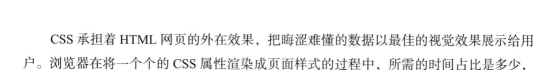

CSS 承担着 HTML 网页的外在效果，把晦涩难懂的数据以最佳的视觉效果展示给用户。浏览器在将一个个的 CSS 属性渲染成页面样式的过程中，所需的时间占比是多少，对整体页面的性能影响有多大呢？

CSS 层对于页面性能的影响主要体现在以下几点：

- CSS 选择器查询定位的效率；
- 浏览器的渲染方式和 CSS 计算算法；
- 需要渲染的 CSS 文件内容的大小。

相比于其他层级，CSS 层对页面性能的影响权重其实不是很高，CSS 层的性能优化更多在维护性与可读性上。

5.1　样式多复用

样式重复写是网页开发过程中难以避免的一个问题。如何将重复部分的比例降低，是一个值得思考的问题。减少重复部分不仅可以帮我们养成良好的写代码习惯，还可以减少冗余代码，提高网页性能。

5.1.1 样式继承与复用

先来看两段代码，它们最终的样式一模一样，都是实现隔行变色。HTML 部分是一致的：

```
<div class='content-box'>
    <div class='odd'>你好，这是奇数行 /div>
    <div class='even'>你好，这是偶数行 </div>
    <div class='odd'>你好，这是奇数行 </div>
    <div class='even'>你好，这是偶数行 </div>
</div>
```

这是第一段的 CSS 部分:

```css
.content-box .odd{
    color: #000;
    font-size: 12px;
    text-align: center;
    background-color: #fff;
    line-height: 30px;
    cursor: pointer;
}
.content-box .even{
    color: #000;
    text-align: center;
    font-size: 12px;
    background-color: rgb(245, 248, 250);
    line-height: 30px;
    cursor: pointer;
}
.content-box .odd:hover,  .content-box .even:hover{
    background-color: rgb(241, 241, 241);
}
```

　　观察上述代码会发现很多重复部分。浏览器在解析 CSS 的时候不得不遍历更多重复的 CSS 属性,即使把 odd、even 两个类用逗号将公共部分合并起来,也只是减少了代码量,对于浏览器来说效果是一样的。仔细观察,其实无论是 odd,还是 even 都是父级标签 content-box 中的一员,而这 content-box 中有很多 CSS 属性实际上是可以被继承的,我们可以写成:

```css
.content-box{
    color: #000;
    text-align: center;
    font-size: 12px;
    line-height: 30px;
    cursor: pointer;
}
.odd{
    background-color: #fff;  //odd 与 even 这两个类名都可以直接去掉
}
.even{
    background-color: rgb(245, 248, 250);
}
.odd:hover,  .even:hover{
    background-color: rgb(241, 241, 241);
}
```

　　改写后的 odd 及 even 只剩一条属性,但还是有些繁杂,因为每一种样式都是非常具体的业务,能否公共化呢? 这部分样式在后续项目中是否会被频繁用到?

一般来说，一个项目整体的风格是一致的，即使有类似于一键换肤、一键换主题等功能，但整体上还是保持一致的。这时候很多样式实际上都会被复用到，所以写 CSS 时，除了 UI 提供的文件外，还会有一个 common.css 或 base.css 文件，放置一些各类常用到的样式，后期应用类似的样式时，直接挂载对应的类名即可。这样不仅可以减少重复样式（见过很多冗余的代码就是类名不同，但里面写的样式基本一样）的定义，提高开发效率，还能加强开发工程师间的协作，团队整体的代码风格也更为有序、统一。同时，可以避免造成过多的冗余代码，缩短 CSS 资源文件，缩短浏览器的载入时间，提高页面性能。CSS 可以被继承的属性还有很多，这里大致列一些属性。

1. 文本

```
color( 颜色，a 元素除外 )
direction( 方向 )
font（字体）
font-family（字体系列）
font-size（字体大小）
font-style（用于设置斜体）
font-variant（用于设置小型大写字母）
font-weight（用于设置粗体）
letter-spacing（字母间距）
line-height（行高）
text-align（用于设置对齐方式）
text-indent（用于设置首行缩进）
text-transform（用于修改大小写）
visibility（可见性）
white-space（用于指定如何处理空格）
word-spacing（字间距）
```

2. 列表

```
list-style（列表样式）
list-style-image（用于为列表指定定制的标记）
list-style-position（用于确定列表标记的位置）
list-style-type（用于设置列表的标记）
```

3. 表格

```
border-collapse（用于控制表格相邻单元格的边框是否合并为单一边框）
border-spacing（用于指定表格边框之间的空隙大小）
caption-side（用于设置表格标题的位置）
empty-cells（用于设置是否显示表格中的空单元格）
```

4. 页面设置（对于印刷物）

```
orphans（用于设置当元素内部发生分页时，在页面底部需要保留的最少行数）
```

```
page-break-inside（用于设置元素内部的分页方式）
widows（用于设置当元素内部发生分页时，在页面顶部需要保留的最少行数）
```

5. 其他

```
cursor（鼠标指针）
quotes（用于指定引号样式）
```

样式多继承，多复用，可以减少很多冗余的代码，减小 CSS 文件的体积，使整个文件变得简洁，提高可读性，降低后期维护难度和后续样式调整时触雷的概率。

5.1.2 尽量避免同一类名多次渲染

A 写了一个样式 a，后来公司的 B 遇到了类似的样式需求，B 直接复用了 A 的，并在私有页面重写了样式 a 的部分属性，接下来开发工程师 C 遇到同样的问题了，他又重写了样式 a。此时在 C 的页面上，这个类名最终展示出来的就可能变成如图 5.1 所示的样子。

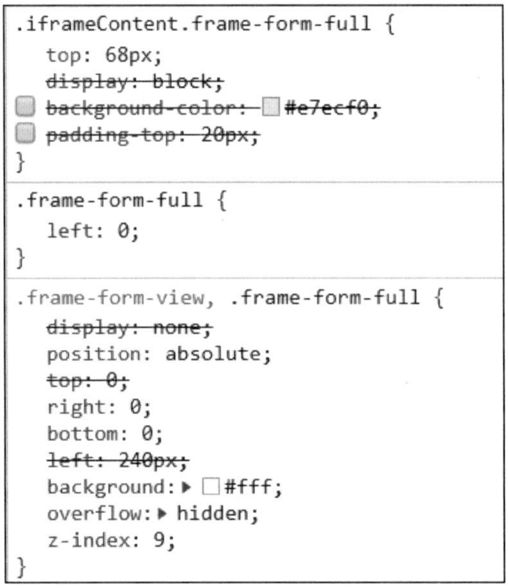

```
.iframeContent.frame-form-full {
    top: 68px;
    display: block;
    background-color: #e7ecf0;
    padding-top: 20px;
}

.frame-form-full {
    left: 0;
}

.frame-form-view, .frame-form-full {
    display: none;
    position: absolute;
    top: 0;
    right: 0;
    bottom: 0;
    left: 240px;
    background: #fff;
    overflow: hidden;
    z-index: 9;
}
```

图 5.1　同一类名多次渲染

这样的类名，浏览器是怎么渲染的呢？实际上就是渲染成了 A 的样式，再渲染成了 B 的样式，最终渲染成了 C 的样式。类似的类名很多时，实际上会对网页的性能造成额外的负担。当然这种情况在一些项目细节中是无法避免的，但可以做到尽量减少。

A 写的样式通用性要高，一些可能被更改的样式，如背景颜色、字体颜色等，可以不放进去，或者采用两个类名来进行组装。这些都有了之后，B 写的时候不要去重写该类名，而是自己新建一个类名，或者如果仅是一些颜色、背景的变换，那么直接从基础类名中补一个即可。C 写的时候也一样。按照这样的方式处理后，在页面的 class 中会出现两个类名，一个是基础类（A 样式类），另一个是重写了部分样式的类。这样就不会出现越来越多的开发需求使同一种公共类名被重复渲染的情况。

5.1.3 少用高优先级选择器，慎用 !important

在实际开发中，每个公司都有自己独立的开发约束和代码风格约束。对于 CSS 层而言，强调最多的莫过于不要使用 ID 作为样式选择器，最好也不要用 !important 等难以二次重置的样式。这些约束其实都是业界中默认遵循的一些规范。为什么要少用或不用这些高优先级选择器呢？

先来看一下 CSS 选择器的优先级。

!important（1，0，0，0）> 内联（在标签中通过定义 style）> ID 选择器（0，1，0，0）> 类（0，0，1，0）> 标签 | 伪类 | 属性（0，0，0，1）> 伪对象 > 通配符 * > 继承

定义在同一个元素上的 ID、类，以及内联的字体样式，只有内联的会有效果。

```
<div style='color: red' ID = 'green' class='blue'> 内联 ID 类选择器权重 </div>
<span class=' blue' > 标签与类选择器权重 </span>
```

曾经有人做过试验，通过 256 个类抵消一个 ID 选择器，而 ID 是（0，1，0，0），类是（0，0，1，0），每一个数字都是一个 8 位二进制的字节。假如同是类，那么从（0，0，1，0）开始，这个 1 可能是 00000001，在同级每多加一个类就加 1，比如：

```
<div class='red green blue'> 你好啊 </div>
```

green 会比 red 大 1，而 blue 比 green 大 1，假如此时有一个 ID，则 ID 会比最低的 red 大 256。通常来说，定义样式基本的选择器几乎集中在类与标签部分中（标签最好也少用一些，因为标签就这么多，而且还不语义化）。为什么不用前面几个高级的呢？先来看 ID 选择器。

ID 类似于身份证，每一个页面只能有一个，而且 ID 一般用于 JavaScript 行为层。用于 JavaScript 行为层的选择器最好与定义样式的选择器分开，因为修改 ID 名字时，有可能直接导致样式消失。其实不仅仅是 ID，类也是一样的，用于行为层的类不定义样式，比如下面两种方式。

（1）用于定义颜色的 color-green 同时被用于 JavaScript 事件。

```
<div class='color-green'> 你好啊 </div>
<script>
    document.querySelector('.color-green').addEventListener('click', function (e) {
        console.log(e.target);
    })
</script>
```

（2）行为层与样式层类名分离。

```
<div class='color-green helloBoy'> 你好啊 </div>
```

```
<script>
    document.querySelector('.helloBoy').addEventListener('click', function (e) {
        console.log(e.target);
    });
</script>
```

相比于第一种既用于写样式又用于 JavaScript 事件，显然第二种两者分离的方式更好，代码耦合性较低，也更利于团队间的协作，同事在转移代码时也不必担心是否有些样式类被用于事件，而不敢随意修改移除。当然还有一些比较好的规范，比如定义样式采用 "-" 连接的方式，"color-green" 用于行为时采用驼峰式等。

在第 4 章讲标签属性时就提到过 style 这种内联式样式的问题。style 的优先级高于 ID。我们定义了 style 的样式后，其他人想通过类等方式是无法修改你的样式的，否则会造成很多 bug。

!important 的使用在程序员圈子中有两种相对极端情况：一种做法是随意加，只要是覆盖样式的就随意加，甚至存在 !important 覆盖一个 !important 的情况；另一种做法是绝不使用，只通过改动多处地方的方式来修改 CSS 样式。

笔者认为，它的优先级在所有选择器中是最高的，最好不用，即使偶尔用一两次时也要非常慎重，比如在调整一些样式代码的时候，有时候确实是因为项目过久或维护的次数过多导致牵一发而动全身。

在项目负责人推进重构之前，假设要修改部分的样式是整个项目最末枝那部分，几乎不会被其他地方用到，这时与其大动干戈地删减与修改代码，不如将要修改的小部分样式用 !important 做一个更高权限级的重置。

⑤ 5.2　CSS 选择器

CSS 选择器一直以来只是作为选取元素的利器，被用于定义页面各个元素的样式，那它有什么值得注意的地方，又有什么巧用？

5.2.1 伪选择器的妙用

如果有一个需求是当鼠标滑到某个按钮上时，按钮变颜色，传统的办法就是借助 JavaScript 来完成，代码如下。

CSS：

```
.active{
    background-color: #333;
    color: #fff;
}
```

其他：

```
<button class='btn'>click here</button>
<script>
    let $btn = document.querySelector('.btn');
    $btn.addEventListener('mouseenter', function () {
        $btn.classList.add('active');
    });
    $btn.addEventListener('mouseout', function () {
        $btn.classList.remove('active');
    })
</script>
```

代码量非常多，我们不得不做各种鼠标移入、移出的事件监听。当然也可以采用框架的 hover 函数（JQuery）。如果通过伪类 :hover 完成，会发现仅仅只需要输入以下代码：

```
.btn:hover{
    background-color: #333;
    color: #fff;
}
```

代码不管是读起来还是维护起来都非常方便。比如，用户在浏览网页的时候，可能会忘记刚刚做了哪些操作，这时就可以进行适当的提醒了。

传统的方式通常是采用 JavaScript 来完成的，而 JavaScript 的开销实际上并不小，这种小功能采用 CSS 伪类就再适合不过了。只需要输入：

```
a:focus{
    color: greenyellow;
}
```

伪类实际上还有很多，下面大体上列一下。

（1）还记得第 4 章讲空标签时提到的画平行四边形吗？就是利用每一个元素的前（before）与后（after）伪选择器来完成的。

```
:after
:before
```

（2）代表某个状态。

```
:active      //  比较少用，当鼠标按下暂未抬起的那一刻触发
:hover       //  鼠标移入或移出时触发
:focus       //  聚焦时触发
:disable     //  禁用时的样式
:checked     //  被选中时的样式
:enabled     //  已启用的元素
```

（3）与标签相关的超链接。

```
a:visited    //  被拜访时的那一刻触发
a:link       //  链接未被拜访时的状态
```

（4）用于作为选择器来使用。

```
:first-child          //  选择首个子元素
```

```
:last-child            //   选择最后一个子元素
:nth-child()           //   选中第几个子元素
:nth-last-child()      //   选择某个元素的一个或多个特定元素，从这个元素最后的子元素开始算
:nth-of-type()         //   选择指定的元素
:nth-last-of-type()    //   选择指定的元素，从元素的最后一个开始计算
:first-of-type         //   选择一个上级元素下的第一个同类子元素
:last-of-type          //   选择一个上级元素的最后一个同类子元素
:only-child            //   选择的元素是它的父元素的唯一一个子元素
:only-of-type          //   选择一个元素是它的上级元素的唯一一个相同类型的子元素
:empty                 //   选择的元素里面没有任何内容
```

如果有个需求是将一个列表统一为一个样式，但第一个需要做一些特别的渲染，这时候采用 first-child 或 nth-child() 也是一个不错的选择。

在实际的应用场合中，伪选择器的作用是很强大的，在很多时候也大大减少了开发的工作量，提高了开发的效率，同时减少了 JavaScript 的权重，也一定程度上提升了页面性能。

5.2.2 忌层级过深的 CSS 选择器

来看一下下面两个样式对 li 标签的定义。

第一种：

```
.container .form-box .form-warp ul>li{
    color: #fff;
        }
```

第二种：

```
.form-warp ul>li{
    color: #fff;
}
```

可以看到第一种方式的选择层级嵌套达到 5 层。这种方式使浏览器不得不多做了两层的选择才能到达 li 标签。如果将 li 标签用到其他地方，那么其他地方也不得不在外面套 container 和 form-box。

现在基本都是通过预编译器来写 CSS，CSS 预编译器有可以随意嵌套及混合的特点，比如说你写的样式可能是这样的：

```
.container{
    // ...
    .form-box{
        // ...
        .form-warp{
            // ...
            ul {
                // ...
                li{
```

```
            color: #fff;
          }
        }
      }
    }
}
```

可能在某一级的嵌套下以为只写了一层的样式，比如：

```
{
  /*balabala...*/
  li{
    color: #fff;
  }
}
```

但实际编译后，可能是以下样式：

```
.container .form-box .form-warp ul li {
  color: #fff;
}
```

在平时的开发规范中，避免写出层级过深的 CSS 选择器也经常被提及。理论上说，浏览器会逐级寻找 DOM 树挂载的样式选择器，并将对应的样式渲染给它，这会对性能产生一定的影响。

5.2.3 不用曾经的 CSS 表达式

大部分前端开发基本都是采用预处理器编写 CSS，如 Sass、Less 等。Sass、Less 中 CSS 表达式函数的使用过程很简便。以前也有这方面的概念，如 Expression（IE8 以前），但该特性只能在 IE 上使用。这个特性在实际的应用中会被反复地执行，一不小心会导致每秒钟执行成百上千次的计算和渲染，严重地影响性能。它是这样写的：

```
input {
    star : Expression(
    onmouseover=function(){this.style.backgroundColor="#D5E9F6"},
    onmouseout=function(){this.style.backgroundColor="#ffffff"})
}
```

上述内容简单了解即可。

CSS 表达式其实是动态设置 CSS 属性的一种方式。采用 Sass、Less 等预处理器编写时，也有一大堆的函数表达式，为什么它们不会影响性能？原因在于预编译这个中间过程。

尽管你写的是函数表达式，但通过 Less.js 或 Ruby 环境依赖等编译处理后，就变成了一种静态资源，预处理器不仅看重的是写 CSS 过程的体验，还注重编译的文件是否为静态，它吸取了历史层级出现 Expression 的教训。

对 Expression 简单了解即可，现在基本已经不用它了。

5.2.4 你用过 * 通配符吗

对于一些初学者来说，可能会见到：

```
* {
    margin: 0;
    padding: 0;
}
```

此类的代码，* 是通配符，代表所有的标签及选择器。浏览器通常会有一些自带的默认样式，如块级元素的 padding、margin 值，a 标签的下划线，ul、li 的排序小圆点等，这些默认样式在大多时候是我们不需要的。采用 * 通配符就可以非常简单地将这部分默认样式做一个重置，让最终的显示效果符合我们的预期。

也有不能写成 * 的情况，因为使用通配符时，浏览器需要将所有标签的样式都重置一遍，但一些标签实际上是不需要的，如 a、ul、li 等特殊标签的属性，几乎所有的标签都不会用到，所以这种情况下，一个比较通用的做法是将每一个需要重置的属性列出。比如：

```
body, div, dl, dt, dd, ul, ol, li, h1, h2, h3, h4, h5, h6, pre, code, form,
fieldset, legend, input,
button, textarea, p, td{
    margin:0;padding:0
}
```

通配符 * 在实际的开发中基本不会被用到，它的作用，我们了解即可。

5.3 减少"昂贵"的样式成本

尽管 CSS 相比于 JavaScript 的性能开销是小巫见大巫，但实际上一些昂贵的样式也在不知不觉中消耗了一部分浏览器的性能，而这些在实际开发中是可以避免的。

在 CSS 中，昂贵的样式成本有哪些？又是通过什么方式影响浏览器性能的？实际应用中又需要注意哪些方面？

5.3.1 何为昂贵的样式

CSS 有些样式之所以昂贵，很大的原因在于这部分样式需要显示的方式较为特别，比如过渡、渐变、阴影、圆角等，这部分的样式与一般的大小、颜色样式不同，看似仅仅是一个样式，但浏览器实际上会将这个样式风格接近的过渡色绘制到页面中，而这些像素级的变换实际上需要大量的计算，虽说显示效果很好，但实际应用中也要避免滥用。

例如，box-shadows 常常被我们用来设置一个元素的阴影，阴影的效果很好看。阴影其实就是设置的前景色向背景色过渡的过程，浏览器实际上会将过渡时产生的颜色绘制到页面中，对页面的性能影响很大。此类属性还有渐变 gradients。这两个属性在采用的时候需要慎重。如下所列即比较"昂贵"的样式。

- 绘制阴影：box-shadow。
- 绘制渐变：gradients（有线性渐变和径向渐变）。
- 滤镜：filter（会用 Photoshop 的应该知道它显示效果很强大但也是性能的大杀手）。
- 透明度：opacity。
- 弧型边：opacity。
- 圆角：border-radius（浏览器元素实际上都是长方形）。

为了达到显示效果，这些样式在实际使用中是必不可少的。PC 端资源充足的情况下可以使用这些样式，但在移动端，要尽量避免。

5.3.2 减少浏览器的重排与重绘

重排和重绘在本章经常被提到。我们本节主要讲述那些不经意间的 CSS 样式修改造成的浏览器的重排。使用 Chrome DevTools 的 Performance 面板来查看一个刷新操作会发生的动作，如图 5.2 所示。

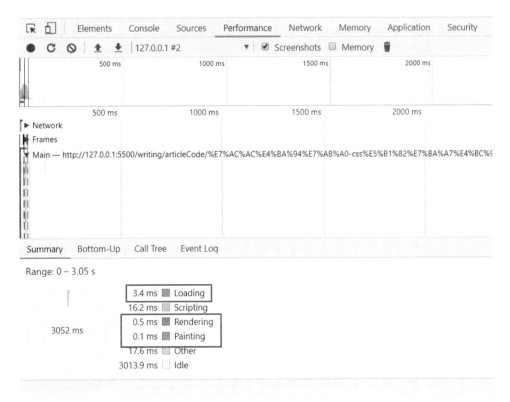

图 5.2　页面刷新所经历过程

上图中可出现了 Rendering 和 Painting，这里其实就是渲染绘制页面的过程。CSS 的很多样式修改实际上都会触发 Rendering 和 Painting。

当元素的外观（如 color、background、visibility 等属性）发生改变时，会触发重绘。在网站的使用过程中，重绘是无法避免的。浏览器对此做了优化，它将多次的重排、重绘操作合并为一次执行。但我们仍需要避免不必要的重绘，如页面滚动时触发的 hover 事件。可以在滚动的时候禁用 hover 事件，这样页面在滚动时会更加流畅。

我们来做一个实验，实现单击按钮改变元素位置的效果，可以通过两种不同的方式来实现：

```html
<!DOCTYPE html>
<html lang="en">
<head>
    <meta charset="UTF-8">
    <meta name="viewport" content="width=device-width, initial-scale=1.0">
    <meta http-equiv="X-UA-Compatible" content="ie=edge">
    <title>Document</title>
    <style>
        button{
            background-color: seagreen;
            color: #fff;
            border: 0px solid transparent;
            line-height: 25px;
            border-radius: 3px;
            cursor: pointer;
        }
        .box{
            position: absolute;
            width: 300px;
            height: 300px;
            left: 0;
            top: 100px;
            background-color: aqua;
        }
    </style>
</head>
<body>
    <button>click here</button>
    <div class='box'></div>
    <script>
        document.querySelector('button').addEventListener('click', function () {
            document.querySelector('.box').style.left = '200px';
            // document.querySelector('.box').style.transform = 'translateX(200px)';
        });
    </script>
```

```
</body>
</html>
```

这是第一种效果，改变元素的 left 值。

打开浏览器的 Performance 性能查看面板，单击左上角的 Record，记录此时页面的操作，单击按钮后，停止性能记录，如图 5.3 所示。

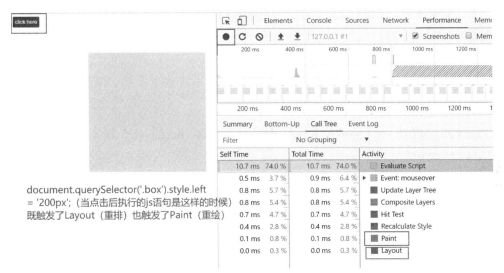

图 5.3　既触发 Layout 又触发 Paint

你会发现，当修改的是 left 值时，性能记录面板中这次单击浏览器，除了要完成基本的 Paint 操作之外，还要在 Paint 开始前再做一次布局（Layout），即重排。我们还可以通过控制 transform 来尝试一下，如图 5.4 所示。

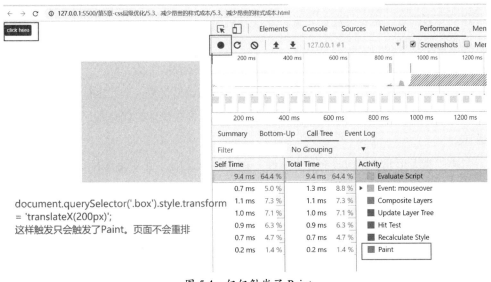

图 5.4　仅仅触发了 Paint

此时浏览器并没有做任何布局（Layout）上的变化，无须重排，减少了很多无谓的计算和重新排列，提高了浏览器的性能。

上面的例子仅仅是一个引子，可以去尝试用 color、background-color 等非触发重排 CSS 属性，看是否仅有 Paint；而 left、top、scrollTop 等会触发重排的属性是否既有 Layout 又有 Paint。

在实际开发中，尽量有意识地减少浏览器重排和重绘。这里顺便提一些较常见但却容易忽略的情形以供参考。

- 改变 font-size 和 font-family。
- 改变元素的内外边距。
- 通过 JS 改变 CSS 类。
- 通过 JS 获取 DOM 元素的位置相关属性（如 width、height、left 等）。
- CSS 伪类激活。
- 滚动滚动条或改变窗口大小。

5.3.3 避免 float 滥用

相信每一位前端工程师都用过 float。它很强大，但也有很多问题，比如造成父元素塌陷、margin 失效、需要清除浮动等。float 这个小小的 CSS 属性实际上对性能也有一定的影响。先来看看浮动元素有哪些特点。

- 浮动元素后面跟非浮动元素会覆盖非浮动元素，非浮动元素的文字或其他行内元素会环绕浮动元素。
- 浮动元素前后的行内元素环绕浮动元素。
- 浮动元素临近元素也是浮动元素，并且方向相同，会并排显示，当宽度大于父元素宽度时会换行排列。
- 浮动元素之间的水平外边距不会叠加（不管有没有清除浮动）。

浮动最初是用来实现文字环绕图片的效果，所以如果将某一个元素标上浮动标签，该元素后面的元素就会紧跟浮动形成环绕效果。浮动元素在设计时就具备了两种特性：包裹与破坏。

包裹是指无论元素以前具有什么属性，在 float 化之后，元素会具有 block 属性（具有了块状元素的特点），可以不受外部元素的影响，并自成一行。但又因为其具有破坏性，使父元素高度塌陷，后一个标签无论是什么属性的元素都会环绕其表现。

相比于普通的文档流排列布局，float 的排列方式在浏览器端的实现上需要更多的计算量，如需要 div 横向排列时，可以采用 display: inline-block 来替代。后者没有 float 的各种问题，由于设置后的元素实际上还是块元素，并没有脱离文档流，在性能上会略优于 float。

5.4　CSS 层级其他优化

除了上面的那些优化方面之外，还可以从以下方面入手，优化页面性能。

5.4.1 CSS Sprite——雪碧图

CSS Sprite——雪碧图，也叫精灵图。它具体是干什么的，又能解决什么样的问题呢？

平时在一个页面或网站中，你可能会看到很多的图标，这些图标一般都很小，可能只有几千字节，但是数量比较多，甚至为了配合一些鼠标聚焦图标变颜色，图标的数量可能还要翻番。尽管每个图标都很小，但再小的图，它都需要一个请求。

假如你的图标非常多，在访问该网站时会发出一大堆的请求，而浏览器是有请求并发限制的，一旦小请求较多，就会影响整体性能。

此时，如果所有的图标都被合并成一张图，就可以将多个请求合并成一个，加快页面加载速度。

可能读者此时会有些疑惑，因为原本要在页面不同地方显示的图标，此时被合并成一张图，又如何从这整张图中拿到里面对应的小图标，并显示各自对应的位置呢？

这里的关键就是 CSS 的 background-position 属性，我们一起来做一个实验。

（1）准备一张雪碧图。

（2）将该图载入页面。

（3）设置两个类选择器，将不同图标对应的位置通过 background-position 这个属性显示出来。

实现的代码如下：

```
<!DOCTYPE html>
<html lang="en">
<head>
    <meta charset="UTF-8">
    <meta name="viewport" content="width=device-width, initial-scale=1.0">
    <meta http-equiv="X-UA-Compatible" content="ie=edge">
    <title>Document</title>
    <style>
        div{
            margin: 10px;
            width: 30px;
            height: 30px;
        }
        .btn-icon{

            background-image: url('icon.png');
```

```
        }
        .btn-face{
            background-position: -84px -185px;
        }
        .btn-face.active{
            background-position: -123px -185px;
        }
    </style>
</head>
<body>
    <div class='btn-icon btn-face'></div>
    <div class='btn-icon btn-face active'></div>
</body>
</html>
```

此时可以看到页面中的两个图标，这两个图标引用的实际上是同一张图，当然请求也只发出了一条，如图 5.5 所示。

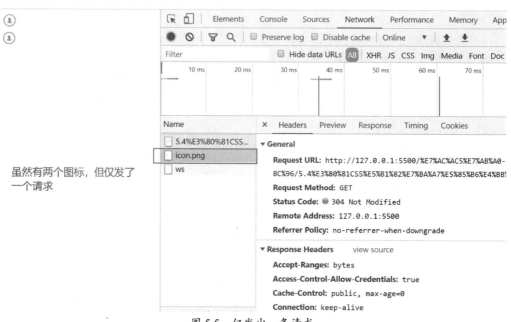

虽然有两个图标，但仅发了一个请求

图 5.5　仅发出一条请求

CSS Sprite 就是将一个页面涉及的所有零星图片都整合到了一张大图中去，再通过 background-position 属性将雪碧图中各自对应的小图标显示到页面相应的位置上，减少网站因发送过多请求导致的性能问题。

CSS Sprite 的应用很广泛，但它也有缺点，如一些简单的图标变化颜色，在内部实现上实际上是换了一张大小形状一样但颜色不同的图标，这就说明在雪碧图中相同形状的图标可能要存两种甚至更多，由于要显示的图标需要在雪碧图中存在，就增加了 UI 设计工程师的工作量。另外，这一缺点对于一些可以一键换肤、一键切换的网站或 App 很不友好，工程师们实现起来会比较麻烦。

5.4.2 充分利用强大的 CSS3

现代化的浏览器对 CSS3 标准新增的绝大部分属性都是支持的（IE8 及以下版本对 CSS3 的兼容性较低）。假如你要完成的项目无须考虑兼容性，那么 CSS3 就是你施展创意的有力武器。

CSS3 最强大的功能莫过于它的动画实现。原来页面上要实现一个动画，需要用 JavaScript，而且操作起来很麻烦。现在很多动画都可以交给 CSS 完成动画特效。看看传统实现动画和 CSS3 实现有什么不同，性能差异在哪里。传统的方式是使用定时器。

设置一个 CSS 样式：

```
.animate-box{
    width: 100px;
    height: 100px;
    background-color: aqua;
}
```

其他：

```
<div class='animate-box animateBox'></div>
<script>
    let animateBox = document.querySelector('.animateBox'),
        pageW = document.documentElement.clientWidth;
        x = 0,
        flag = true;
    setInterval(function () {
        x > pageW - 100 ? flag = false : x < 0 ? flag = true : null;
        flag ? x += 2 : x -= 2;
        animateBox.style.transform = 'translateX(' + x +'px)';
    }, 1000 / 60);
</script>
```

而采用 CSS3 是这样的：

```
<div class="animate-box animate-css3"></div>
.animate-css3{
    animation: myfirst 3s linear infinite;
}
@keyframes myfirst {
    0% {transform: translateX(0px);}
    50% {transform: translateX(300px);}
    100% {transform: translateX(0px);}
}
```

实现过程无须采用任何 JavaScript 代码，减少了 JavaScript 的权重，利用浏览器对

CSS3 的无缝支持，即使页面性能得到优化，又使动画变得更加顺畅。

CSS3 还有很多强大的功能，这些功能更多作用于显示效果上，如阴影、渐变等。而对于性能优化来说，通过 GPU 加速，对动画等方面的影响较为明显。

CSS3 里面有很多利用到 GPU 加速渲染的属性，GPU 加速可以让动画变得更加流畅。在普遍使用 60Hz 刷新频率的大环境下，当通过 JavaScript 并不能将所做的事情在 16.6ms 内完成一个小循环时，GPU 可以帮忙减少一部分时间。

浏览器接收到页面文档后，会将文档中的标记语言解析为 DOM 树。DOM 树和 CSS 结合后形成浏览器构建页面的渲染树。渲染树中包含了大量的渲染元素，每一个渲染元素会被分到一个图层中，每个图层又会被载入 GPU 形成的渲染纹理中。图层在 GPU 中 transform 是不会触发 repaint 的，最终这些使用 transform 的图层都会由独立的合成器进程进行处理。这样无须过分地渲染就能完成所需的功能，使页面性能得以提升。

5.4.3 media query 媒体查询

在实际开发中，经常会碰到页面需要响应式，需要自适应屏幕，自适应不同的终端的要求。那么什么是响应式？

开发出来的产品 App、网站都要在不同的终端显示。对于不同的终端，不可能一个一个地写代码，那样不现实。一套代码实现多终端兼容，对不同的终端做不同的响应是响应式开发的核心，而 media query 是很常用的一种实现方式。

其实，JavaScript 有一个响应机制，即 window.resize，它在窗口被调整大小时触发。然而 window.resize 实际上是不断地重绘和重排的过程，非常消耗性能，有时还会造成类似于 while(1) 这样的死循环效果，导致页面卡死、崩溃。

我们来做一个实验，当在大屏幕上时，盒子里面的字要大一些，当在小屏幕时，让响应式变小以节省空间。此时就可以通过 media query 来实现了。

CSS：

```css
.media{
    width: 100%;
    font-size: 18px;
}
@media screen and (max-width: 300px) {
    .media {
        font-size: 12px;
    }
}
```

其他：

```html
<div class='media'>my name is dorsey.</div>
```

　　假如在宽屏情况下，图片显示为 3 列，在窄屏情况下，显示为一列，这种情况也可以通过 media query 做到。

　　media query 能完成的事情还有很多，如屏幕到什么程度将导航栏隐藏等。与 window. resize 相比，用 media query 与浏览器衔接更为方便，也更利于浏览器内部的优化，对页面性能的提升也有一定的帮助。

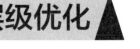

第6章 JavaScript 层级优化

从 JavaScript 层级做性能优化，首先要做的不是去学习各种优化的方法，而是要学习 JavaScript 的运行机制。优化的方法总结不仅基于怎样让程序跑得更快，还基于实际应用环境的变化。

比如，你用分布式集群、流式消费、中间件消息分发的方式来处理天猫商城、淘宝等高流量、高并发的网站完全没有问题，但如果去搭建一个个人博客，就没有必要了。

因此，我们要深入学习 JavaScript 的运行机制，当对 JavaScript 运行机制比较清楚后，脑海中自然而然地就有一些预判。比如哪些代码会造成较大的性能开销，甚至无用开销，哪些会让程序的时间复杂度大大降低等。

本章将详细介绍：

- JavaScript 执行的机制概述；
- 定时器不合理应用造成的后果；
- 事件绑定的方式；
- JavaScript 层级优秀的思想。

6.1 JavaScript 的运行机制

本节主要介绍 JavaScript 的运行机制，整体上说，就是单线程 + 异步。这个机制相比其他语言来说，有什么不同？这种模式有哪些优点？

6.1.1 什么是线程

线程其实是偏概念性的，为了避免一些知识盲点，笔者在此做一些关于线程的阐述。

任何一个程序，无论是用何种语言的代码，当它在运行的时候，如打开 QQ，在任务管理器会发现有一个进程在运行着，这就是我们经常说的一段程序执行的过程。每一个在运行的程序都有一个进程，这些进程支撑着软件应用提供给我们的各种功能。

进程在开启的时候，系统会给它分配一点资源，如内存、CPU 计算资源、网络带宽、磁盘读写等，而线程就是在进程的基础上，从进程那里再分配一点资源来运行。线程是进程的一个实体，它只占用了一点运行时的资源，但它同样共享着其所属进程所拥有的全部资源。相比于进程，线程可以更高效地利用 CPU 资源。

例如，A 与 B 在 QQ 上聊天，C 突然来消息了，此时的 A 同时与 B 和 C 聊天，用户只需要进行窗口切换，然而程序需要处理的逻辑是不同的用户关联不同的信息。每个程序只有一个进程，要同时完成两件事，一个很简单的办法就是再开一个进程，实现真正意义上的同时执行。

进程与进程之间的切换是很耗时间的，这时候线程就来了，进程能做的事情线程都能做，而且只需要很少的运行资源。线程之间的切换也比进程快得多，大大地提高了系统的性能。

其实，开的线程实际上还是一个进程，那它是怎样做到接近并行的呢？实际上，线程是把 CPU 的工作时间分成几个片段，一个片段执行一个任务。由于它们之间切换效率极高，在用户看来就像是在同时工作，这类似于我们看电视、计算机等的情况。实际上电视和计算机的屏幕是以一种很快的频率（比如常规的 60Hz）在刷新，看起来就像是连贯的，这个过程利用的就是 CPU 的调度算法。

6.1.2 JavaScript 执行机制与其他执行机制的异同

前面讲了大多数程序在并发完成某个任务时，实际上是开了一条线程在跑。以 php 语言举例，如图 6.1 所示，当有一个任务或请求时，可以从线程池中取一条线程运行，当线程处理完请求或操作逻辑后重新放回线程池中。

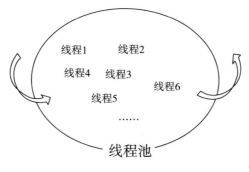

图 6.1　php 线程池

这样的方式是现在大多数后台语言的处理方式，由于线程都有自己独立的堆栈，会比较安全。这种方式也存在一个问题：线程并不能无限制地新增，这个线程池里的线程实际上是有限的，当并发量非常高的时候，就会发现线程不够用。当线程不够用时，剩余的任务只能等线程释放出来再执行。尽管线程的运行速度非常快，切换速率也高，但是也抵挡不住庞大的并发量，因此通过优化可以极大地提高运行性能。

那 JavaScript 的执行机制是怎样的？JavaScript 实际上只有一个线程，它是怎样同时做不同的事情呢？以 Node 为例，JavaScript 的处理实际上非常像一位分配任务的领导，当接收到一个任务或请求时，JavaScript 引擎将该任务放入任务队列中，JavaScript 的同步主线程仅仅做了一个标识，用来接收及分配任务或请求。

这个过程不需要做任何的处理，类似于倾听和记录，这样就可以非常高效地处理任务。在该任务中，任务 A 在某个时间节点开始执行，任务 B 在另一个时间节点开始执行，任务与任务之间不会互相等待、阻塞，任务其实几乎是同时进行的，这样大大加快了程序的执行效率。JavaScript 虽然是单线程的，但是通过这种异步队列的方式分配和执行任务，可以大大提高程序的执行性能。

任务队列与线程最大的不同在于，队列只要内存足够，可以一直堆叠任务。这样会造成很大的内存开销，但其实如今硬件成本越来越低，增加一点内存就能极大的提高用户体验。

6.2 定时器是一把双刃剑

上面说了 JavaScript 是单线程 + 异步的执行机制，而定时器是以一种比较简单、直观的方式窥探 JavaScript 运行的方法。每开一个定时器，就是往任务队列中加一条任务。实际上，定时器本身是属于 JavaScript 运行的机制，正常情况下并不会对 JavaScript 性能造成什么影响，那为什么说定时器是一把双刃剑呢？

6.2.1 用好定时器

大多数定时器影响性能是因为使用不恰当，特别是当一些定时器内部的处理逻辑是关于 DOM 结构，或者一些动画实现使浏览器过于频繁地重排、重绘时。

我们先来做一个小动画，完成一个飞入的动作。实现代码如下：

```
setInterval(function () {       //setInterval 是定义一个循环工作的定时器
        动画变化函数...      // 这里可以通过设置一些自增或自减的位置值，如 top,left
    }, 1000 / 60);           // 这里是设置循环的间隔时间，单位是 ms
```

上面的代码好像没什么问题，但如果在某个 DOM 中交互操作，如在各种鼠标事件或键盘事件中写入，就需要注意了，代码如下：

```
document.querySelector("button").addEventListener("click", function () {
        setInterval(function () {
            // 动画变化函数...
```

```
    }, 1000 / 60);
  });
```

这样做的出发点可能是好的，单击一下，画面动一下，但是你每单击一下鼠标，实际上就是制造了一个新的定时器，这个定时器并不会因为动画完成而停止，会一直存在，这样会造成每单击一次，就多一个定时器的结果。我们改为如下代码：

```
document.querySelector("button").addEventListener("mousemove", function () {
        setInterval(function () {
            // 动画变化函数 ...
        }, 1000 / 60);
    });
```

此时，当鼠标滑动时添加动画。但这样的话，鼠标的一个滑动动作，瞬间就会制造上百个定时器。如果这里面还有一些页面 DOM 的重排或重绘，你会发现整个浏览器变得很卡，鼠标越滑动越卡，严重的还会直接导致浏览器进程崩溃，因为整个进程的资源都不够消耗了。

6.2.2 如何及时清除定时器

6.2.1 小节中提到的定时器问题，有时是无意中写出来的，那怎么解决呢？很简单，不用的内容及时清除，避免重复生成。还是 6.2.1 小节中的代码稍加改动：

```
let time = null;
document.querySelector("button").addEventListener("mousemove", function () {
    setAnimate();
});
function setAnimate () {
    clearInterval(time);
    time = setInterval(function () {
        // 动画变化函数 ...
    }, 1000 / 60);
}
```

通过 clearInterval 及时清除定时器，就可以把问题解决了。通过 JavaScript 库也可以帮我们完成一些想要的功能，如 JQuery 的 animate 函数，具体代码如下：

```
    $("div").animate({
        left: "300px"          // 动画终点的位置
    }, 2000);                  // 动画运行的时间
```

6.2.3 合理使用 CSS3 动画

本小节讲一下 CSS3 的使用。用 JavaScript 实现一些简单的动画会有杀鸡用牛刀之感，并且用 JavaScript 完成某个任务的消耗比较大，这时我们可以使用 CSS3 完成该任务。

如何通过 CSS3 优化我们的性能呢？下面制作一个飞入动画。

```css
.fly-box{
    width: 200px;
    height: 200px;
    background-color: black;
    position: absolute;
}
.fly{
    transition: 2s;                              /* 动画过渡时间 */
    transform: translate(300px,0,0);             /* 动画 x 轴平移 300 像素，y 轴与
z 轴不变化 */
}
```

这样也非常简单地完成了我们想要的结果。假如这个飞入动画需要通过单击某个按钮
来触发，那只需要单击时添加 fly 的类名，不单击时去除。

这样做的结果不仅减少了 JavaScript 运行时耗费的资源，还减少了定时器触发导致的
DOM 结构重排。另外，浏览器底层对 CSS 的优化支持，会让动画更流畅、无卡顿，进一
步提高用户体验。

讲完了 CSS，那 requestAnimationFrame 又是什么？如何通过它来改善用户体验？
requestAnimationFrame 实际上是一个监听帧的 API，我们以上面的动画为例，代码如下：

```javascript
var animateUnit = function() {
    document.querySelector("div").style.left = document.querySelector("div").
offsetLeft + 5 + "px";
    requestAnimationFrame(animateUnit);
}
```

通过 requestAnimationFrame 也可以实现使用 setInterval 定时器循环设置值。与
setInterval 相比，这种方式的动画效果更加流畅，无抖动或卡顿，能提高用户体验。

6.3　事件的绑定

在 JavaScript 中，为 DOM 元素绑定各种各样的事件是我们经常做的事情，对于这种
常见的操作，我们要注意哪些问题？哪些操作能更好地提升性能，减少资源的开销？这就
是我们接下来要介绍的内容。

6.3.1　多利用事件代理委托

先来看一下事件绑定怎么做。我们用原生的 JavaScript 来写代码：

```javascript
document.querySelector("button").addEventListener("click", function () {
    console.log(" 我被单击啦 ...")
})
```

这是传统的事件绑定。假如现在有很多 li 标签，每个标签都是一条新闻的简介，当单击这个简介时，就跳转到该简介对应的新闻详情中，具体怎么实现呢？

第一种办法就是给每个 li 标签绑定事件，要完成这个绑定，第一反应肯定是写一个 for 循环，遍历所有的 li 标签，将它们依次绑定事件，代码如下：

```
var _li = document.querySelectorAll("ul li");
for(var i = 0; i < _li.length; i ++) {
    (function (k) {
        _li[k].addEventListener("click", function () {
            console.log("我被单击啦，我是第 " + k + " 个 li 标签 ");
        })
    })(i)
}
```

代码看着好像没什么大问题，但如果 li 标签的数量很多时会发生什么？假如数量为 1000，若还是利用标签依次绑定事件，程序就会做 1000 次绑定，开 1000 个异步监听，等着用户的交互触发，有时候一些较为复杂页面的事件绑定数为 10~20，仅仅一个简单的交互，就绑定了 1000 个事件，会大大影响程序的性能。

如果不这样做，那怎样完成这项需求呢？这里有一种非常好的方式——事件委托。当某个子集标签（如这里提到的 li 标签）需要完成事件绑定时，不直接给所有 li 标签绑定，而是先委托 li 标签的父元素或其某一级的祖先元素，由它们的祖先分发、下派事件。操作过程中只需要绑定 li 标签的父辈或祖先元素（如这里是 ul 标签），无须绑定多个事件，程序实现起来就高效多了。代码如下：

```
document.querySelector("ul").addEventListener("click", function (e) {
    if(e.target&&e.target.nodeName.toLowerCase()=="li"){
        console.log(e.target);
    }
},false);
```

整个过程无论有多少 li 标签，我们只做一次监听，再由 li 的祖先元素分发、下派，避免重复低效的事件绑定。

事件委托还有一个非常重要且经常会被用到的情况，就是分页。我们知道，分页是当单击下一页时加载下一页的 DOM 结构和内容，由于里面的 DOM 节点被删除重写，内部原先绑定的事件会消失。

当你单击分页时，如果绑定事件的方式还是采用 for 循环，就会发现单击没效果，事件绑定没了。此时就不得不重新绑定一遍事件，过程冗余、烦琐，性能也差。如果用的是事件委托的方式，分配任务给它们的父元素，那么即使换了一批事件，只要父元素不变，绑定的事件就不会消失，非常便捷。

由于实际项目开发的时候较少用到原生代码，我们可能看到的代码如下（比如用

JQuery 的代码）：

```
$("ul").on("click", "li", function () {
    console.log(" 我被单击到啦，我是第 " + $(this).index() + " 个 li 标签 ")
})
```

其实原理都是一样的，只是把事件委托给 ul，让它分发给下面的 li 而已。

6.3.2 避免重复的事件监听

前端工程师们做得最多的一件事就是通过监听用户的各种操作来执行对应的事件。例如单击事件，通过监听一个按钮是否被单击了，触发响应的回调函数，这个函数中写入的实际上就是单击后程序要完成的事情。来看一下下面这个监听：

```
var oLi = document.querySelectorAll("li");
for(var i = 0; i < oLi.length; i ++) {
    oLi[i].addEventListener("click", function (e) {
        console.log(e.target);
    }, false);
}
```

这是监听 ul 里面所有元素的单击事件，但假如此时要对第一个 li 实现特殊化的单击事件而非原来的单击事件时，我们可能会用以下代码：

```
document.querySelector("li").addEventListener("click", function (e) {
    console.log(1);
},false);
```

虽说这会触发特殊化的单击事件，但由于上面信息又被监听到了，并且后来的事件监听并不会覆盖前面的监听，第一个 li 会被重复监听两次。

可以看到，单击一次按钮后，控制台实际上的输出如图 6.2 所示。

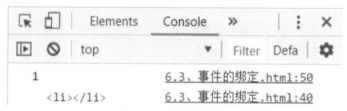

图 6.2　事件重复监听

在实际工作和开发中，事件的监听通常伴随着请求的发起，比如向后台服务器请求服务，获取数据并渲染到界面上。事件重复监听可能导致发出两个请求，甚至更多，并且可能有一些发出的请求并不是你想要的，或者有些请求我们无法察觉。

并发请求变多，不仅会使系统整体的性能变慢，还会使用户体验感变差。在一些高并发的场景中，如天猫双 11，每一位用户的单击，都因为重复监听导致多发送了一条请求，

1 亿人就会多发 1 亿条，可以想象此时服务器的压力被无形中放大了多少倍。为了保证系统正常运行，就要增加服务器。一台物理服务器少则几万元多则几十万元甚至上百万元，代价太大了。

这时候应该在重新监听事件时，remove 原有的监听。原生的方法比较麻烦，需要注意 removeEventListener 的用法。这时候需要将原来的回调方法分离出来：

```
var oLi = document.querySelectorAll("li");
for(var i = 0; i < oLi.length; i ++) {
    oLi[i].addEventListener("click", function (e) {
        console.log(e.target);
    }, false);
}
```

变成：

```
function clickFn(e) {
        console.log(e.target);
}
var oLi = document.querySelectorAll("li");
for(var i = 0; i < oLi.length; i ++) {
    oLi[i].addEventListener("click", clickFn, false);
}
```

当后续要补充替换的时候，就变成：

```
document.querySelector("li").removeEventListener('click', clickFn, false);

document.querySelector("li").addEventListener("click", function (e) {
    console.log(1);
},false);
```

通过原生的方式虽说可以实现，但如果要更改原有代码，会很麻烦，所以一般通过一些框架或库来实现，比如 JQuery 库。原先定义的监听事件：

```
$('li').on('click', function (e) {
    console.log(e.target);
});
```

这时候只需在注册事件的同时移除原有的事件即可：

```
$('li:nth-child(1)').off('click').on('click', function () {
    console.log(1);
})
```

在一些情况下，特别是在一些较复杂的多人协作开发背景下，你可能事先并不清楚哪些按钮被做了监听，也不知道具体的监听方式，甚至可能接手一些很糟糕的代码，这时不仅要完成特定的定制化需求，还需要从纷乱复杂的代码中保证不触"雷"。

综上所述，对于每一位开发工程师而言，养成好的开发习惯是很有必要的，后期维护起来会很方便，后续接手的人维护起来也会比较简单。

6.3.3 事件冒泡机制

事件冒泡是浏览器默认的行为，就是说事件会从被触发的那一层的具体元素开始，逐级往父级元素传播，直到 document 或 window。我们知道，网页的标签是层层嵌套的，如图 6.3 所示。

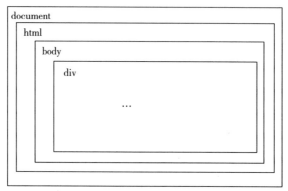

图 6.3　标签层层嵌套

对于浏览器来说，无论单击哪里，都是单击了 document，因为整个界面都是 document，就像你是广东人，但同时也是中国人。浏览器怎么知道单击操作来自哪里呢？

有两种方式，一种是捕获，即从外层逐步向里层捕获。很多时候用户单击某个地方，被单击的地方出现事件源的可能性更大，为了使事件源更快被执行，由里到外逐步触发是更好的选择，这样可以提高浏览器的性能，如图 6.4 所示。

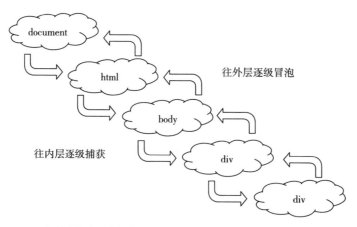

一般某个特定的事件传播机制只会是其中的一种

图 6.4　事件传播机制

另一种方法是从里向外冒泡。与从外到里捕获相比，该方法的好处是父层的元素永远只有一个，而里层的元素就不止一个了，这时候浏览器的递归遍历算法执行的时间就会有些差别，而往往冒泡所需的时间更短一些。很多浏览器也倾向于将事件冒泡作为默认的传播机制。

6.4 一些优秀的 JavaScript 层级思想

在 JavaScript 发展的这些年里，也陆续诞生了不少优秀的思想，这里列举一小部分了解一下。

6.4.1 jQuery 的 ready 与原生 window.onload 的比较

我们知道，浏览器实现一个完整的 DOM 渲染流程是：解析 HTML 文档—构建 DOM 树—DOM+CSSOM 构建 render tree—JavaScript 加载执行。

JavaScript 是加载完执行的，并不会等页面渲染。如果 JavaScript 在 DOM 树还没创建之前就执行了，可能会出现节点未获取、事件未绑定到节点等问题。在传统的原生 JavaScript 中，有一种常用的做法，即利用 window.onload，等整个页面都加载完了，才开始执行 JavaScript。

我们看一下传统的做法，将所有的 JavaScript 代码写入 window.onload 的回调函数中，等待整个页面加载后执行：

```html
<!DOCTYPE html>
<html lang="en">
<head>
    <meta charset="UTF-8">
    <meta name="viewport" content="width=device-width, initial-scale=1.0">
    <meta http-equiv="X-UA-Compatible" content="ie=edge">
    <title>Document</title>
</head>
<body>
    <script>
        window.onload = function () {

            console.log(1);
            //  JS 代码
        }
    </script>
</body>
</html>
```

看起来好像没什么问题，但如果页面很大，等页面加载完再执行 JavaScript 会需要很长的时间，而且页面在这个过程中处于假死状态，用户任何操作都得不到响应，大大影响了页面性能及用户体验。这种情况下就可以用 JQuery。JQuery 高明的地方在于它不是等到页面都加载完才执行，而是只加载运行 JavaScript 代码所需的 DOM 结构，JavaScript 不需要等待页面其他的资源载入后再执行。

下面看一下 JQuery 的代码（html 结构和原来一样，但 JS 代码部分变了）：

```
$(document).ready(function () {

    console.log(1);
    //  JS 代码或 JQ 代码
});
它实际上可以缩写成：
$(function () {

    console.log(1);
    //  JS 代码或 JQ 代码
})
```

与之前的加载渲染流程相比，JavaScript 代码不必等到整个页面加载完毕，而是在 DOM 树构建完毕后开始执行，提升了页面的性能。

window.onload 的另一个缺陷在于页面对其的识别只能是一个，不能写成下面这样：

```
<script>
    window.onload = function () {

        console.log(1);
        //  JS 代码
    }
    window.onload = function () {

        console.log(2);
    }
</script>
```

上述代码执行后只有最后一个 window.onload 会生效，就像下面的代码：

```
var a = '123';
var a = '234';
```

实际是将 function 作为 window 下 onload 属性的值（这个属性会在页面被加载完毕后触发）写入两次，这样会将第一次的值重置。

6.4.2 MVVM 框架的组件的生命周期

JQuery 的 ready 机制是在 DOM 树创建完毕之后执行。这些 DOM 结构或一个组件其实不仅会被创建，还会被挂载、修改或更新直到被销毁。当然 JQuery 后续这些挂载、更新、销毁等操作都是通过直接操作DOM来实现的，这与MVVM框架主导的数据驱动思想不同。

一个组件从创建到被销毁，整个生命周期会经历哪些过程，又是通过哪些钩子函数来实现代码嵌入执行的呢？下面以 Vue 为例分析。通常一个 .vue 文件可以分为三大块，对应前端"三剑客"HTML、CSS、JavaScript。

模板块：

```
<template>
    <div class="alet_container">
     <!-- 组件模板，对应 HTML，其实就是内嵌模板引擎，最终转化为 div -->
    </div>
</template>
```

脚本块：

```
<script>
    export default {
        data(){
            return{
                positionY: 0,
                timer: null,
            }
        },
        mounted(){
        /*      生命周期的钩子函数就写在这里，什么是钩子函数？你可以简单理解成挂载，一个
对象中被挂载了一个属性，这个属性是一个函数，被挂载的这个属性就是这个对象的钩子函数 */
        },
        methods: {
        }
    }
</script>
```

样式块：

```
<style lang="scss" scoped>
    @import '../../style/common';
</style>
```

生命周期其实就是在 new Vue(options) 实例化模型时传入的一些钩子函数。options 传入的一些写死的属性 key 和一个自定义的函数，在 Vue 实例化的过程中会被执行。这些钩子函数目前包括：

```
new Vue({
    data(){
            return{
                positionY: 0,
                timer: null,
            }
        },
    // 创建组件之前
    beforeCreate () {
```

```
        //  在实例初始化之后，数据观察（data observe）和 event/watcher 事件配置之前被
调用。
        //  注意此时，无法获取 data 中的数据和 methods 中的方法
    },
    created () {
        //  这是一个常用的生命周期，可以调用 methods 中的方法，改变 data 中的数据
        //  使用场景，发送请求获取数据
    },
    beforeMounted () {
        //  在挂载之前被调用
    },
    Mounted () {
        //  此时，Vue 实例已经挂载到页面中了，可以获取 el 中的 DOM 元素，进行 DOM 操作
    },
    beforeUpdated () {
        //  数据更新时调用，发生在 virtual DOM 重新渲染和打补丁之前。你可以在这个钩子
函数中进一步改变状态，不会触发附加的重渲染过程。
        //  注意：此处获取的数据是更新后的数据，但是获取页面中的 DOM 元素是更新之前的
    },
    Updated () {
        //  组件 DOM 已经更新，所以你现在可以执行依赖于 DOM 的操作
    },
    destroyed () {
        //  组件销毁，Vue 实例销毁后调用，调用后 Vue 实例指示的所有东西会解绑，所有的
事件监听器会被移除，所有的子实例也会被销毁。
    }
});
```

为什么 MVVM 框架要有生命周期？最重要的一个原因实际上还是数据驱动的问题。这类的框架的内部基本都已经实现了 data-view 之间的双向互通，通常情况下更新 data 需要通过一系列的行为传递，比如 Vue 内部通过重写 getter、setter（引擎对这两个属性的触发条件就是查询获取或修改设置）改变 data 的值，这两个属性的值会被聚焦与触发，如果将改变视图的方法放入这两个方法中，自然可以控制 view。

其实在笔者看来，与其说是双向数据绑定，不如说是数据（data）改变视图（view）。尽管框架内部也有通过类似监听 input、change 等操作实现从视图变更为数据的，但这部分在实际的业务应用中并不多。如果不直接操作 DOM，单纯操作数据，对组件的控制性又较弱，需要某种机制来更好地控制组件，生命周期就是由此而来的。

6.4.3 变量缓存与私有化

来看下面两段代码。

第一段：

```
$('.btn').on('click', function (){
    console.log($(this).attr('name'));
    console.log($(this).attr('age'));
    console.log($(this).attr('sex'));
    console.log($(this).attr('love'));
    console.log($(this).attr('interest'));
});
```

第二段：

```
$('.btn').on('click', function () {

    let _self = $(this);

    console.log(_self.attr('name'));
    console.log(_self.attr('age'));
    console.log(_self.attr('sex'));
    console.log(_self.attr('love'));
    console.log(_self.attr('interest'));
});
```

上述两段代码唯一的区别就是第二段做了缓存而第一段没有，那代码在执行的过程中会发生什么事呢？

第一段：每打印一个值，选择器需要重新选择并确定当前 this，相当于重新读取一遍，这里 5 个值，会读取 5 遍 this 的值。

第二段：将 this 的值存起来，后续打印时直接从变量中拿，无须再次读取 this，相当于减少了读取 this 属性这一过程，代码性能更高。这就是 JavaScript 变量缓存。

在 JavaScript 中，对象查找属性的过程实际是比较昂贵的，特别是在一些本身就很大的对象中，如 window。在 window 中挂载了一个属性，频繁地查找这个属性会给性能造成负担，没被缓存之前的 $(this) 就是这种情况。

对于 JavaScript 这门语言而言，它所创造的一切皆是对象（object），它的顶层对象属性自然也是，浏览器端的是 window，node 服务端的则是 global。每一个操作其实就是读取属性与运用属性值。然而在一些情形下，如果用 a.b.c.d.e 的方式读取属性，实际上是比较消耗性能的。

少量的代码看不出什么问题，当整个项目的代码都有差异时，整体的性能问题就凸显出来了。在一些项目中，你可能会看到这样的代码：

```
var fileId = Util.getUrlParams('IMG_ID');
var beginTime = Util.getUrlParams('BEGIN_TIME');
var endTime = Util.getUrlParams('END_TIME');
var Ids = Util.getUrlParams('IDS');
var dataArr = [];
var serviceUrl = '';
```

```
var operateName = ";
$(function () {
    //  ...
})
```

代码中用非常多的全局变量是一个不好的习惯，很容易造成变量污染。不仅如此，全局变量如果通过 var 来声明，就会被挂载到 window 下，这些全局变量会加重 window 的负担，降低其他属性访问、查找的速度。

好的思路则是将变量私有化，只局限在某个作用域内，假如有些需要全局变量，可以定义一个容器将其包裹起来。比如将上面的代码改造成如下代码：

```
var container = {
    fileId: UI.util.getUrlParam('IMG_ID'),
    beginTime: UI.util.getUrlParam('BEGIN_TIME'),
    fileId: UI.util.getUrlParam('END_TIME'),
    beginTime: UI.util.getUrlParam('IDS'),
    dataArr: [],
    serviceUrl = ",
    operateName = "
}
$(function () {
    //  ...
})
```

上述方法不仅适用于 JavaScript，还适用于其他程序。

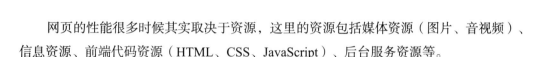

第 7 章　资源加载优化

网页的性能很多时候其实取决于资源，这里的资源包括媒体资源（图片、音视频）、信息资源、前端代码资源（HTML、CSS、JavaScript）、后台服务资源等。

就像下载资源一样，资源量越多，所需下载的时间就越长，性能也就越差。原因有两个：一是从资源到最终的展示过程需要解析，解析速度越慢，过程的时间也就越长；二是资源解析完毕后，还需要渲染到界面，而渲染时间越长（比如被重复渲染），性能就越差，用户所需等待的时间就越长，用户体验也就越差。本章就从这些角度入手，来优化整体的性能。

本章主要涉及的内容有：

- 资源解析；
- 资源加载；
- 资源缓存。

7.1　资源解析优化

资源解析是数据源从杂乱无章的状态转变为有分类、有条理的状态，这是链路中必不可少的过程。既然是流水线中的一环，减少这一环节所占用的时间，在其他环节不变的情况下，就可以减少整体所需要的时间，整体的性能就能提升。

那这一环节内部详细的过程是怎样？又如何入手优化它？下面将详细介绍。

7.1.1　DNS 优化

正如第 2 章所讲，一个网页从输入一串 URL 开始到最终呈现，需要经历一个 DNS 解析的过程。那什么是 DNS 解析呢？这个过程大致在整个浏览器的解析与渲染生命周期中占用多少时间？既然是整个环节中的一环，那通过怎样的方式来优化，减少过程所占用的时间呢？

在整个互联网的"大网"之下，每一个计算机都是其中的一个单元节点，有各自的 IP。我们平时上网的过程，实际上是一台计算机访问另一台计算机资源的过程，这时被访问的那台计算机可以称为服务器。既然要访问它，那就要知道它的位置。通常情况下我们是通过 IP+ 端口来访问的。

当我们访问一个网站，实际上很少有人通过输入 IP 端口去访问。一般映射到外网的网站都会有一个域名，如 http://www.baidu.com。虽说我们输入的是域名，但实际上计算机还是要先转成 IP，再来访问。转化的过程就叫 DNS 解析。

从域名解析成 IP，这个过程很快，但也会引起延迟。浏览器通常会适当地对解析结果缓存，并对页面中出现的新域名进行预解析，但不是所有的浏览器都会这么做。DNS 解析之前都会先从浏览器的 DNS 缓存中拿数据，若缓存中没有该数据，则会继续去本地的 DNS 缓存中找，如果最终还是没找到，才会正式发起 DNS 解析这个过程。我们可以在浏览器上查看浏览器的 DNS 缓存。

以谷歌的 Chrome 为例，在浏览器 URL 栏输入 chrome://chrome-urls/，可以看到 Chrome 的所有配置界面，并且可以在界面中做各种操作。选择里面的 chrome://net-internals，如图 7.1 所示。

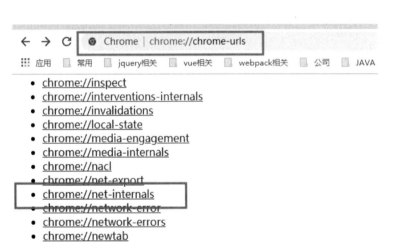

图 7.1　浏览器配置界面

在打开的界面中选择 DNS，可以很清晰地看到所有已经被浏览器解析过的域名，这些域名已经缓存在浏览器中，如图 7.2 所示。

当然，直接输入 chrome://net-internals/#dns 也是可以的。

为了帮助浏览器对某些域名进行预解析，我们可以在页面的 HTML 标签中添加 dns-prefetch。dns-prefetch 会在浏览器空闲时对接下来可能访问的网站做域名解析，也就是说用户在浏览首页信息时，浏览器也在做着事，此时浏览器占用的时间对于用户来说，实际上是察觉不到的。

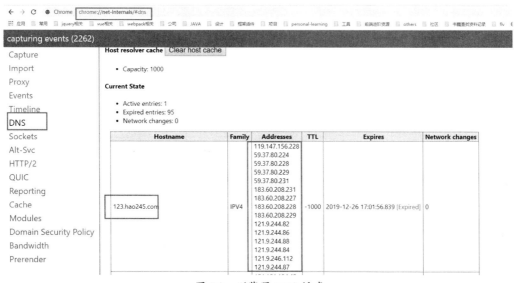

图 7.2 浏览器 DNS 缓存

如果把解析过程中能先做的都先做了，后续的事情完成的效率就会高很多。当用户发起页面跳转请求时，若刚好命中之前预解析的 IP，就能直接跳转，无须再次解析，可以节省一部分时间。当访问的 IP 段同用户所在的 IP 段间隔较远时，比如访问国外网站，这部分的时间延迟产生的用户体验度下降会更加明显。

dns-prefetch 实际是通过 link 来设置的，显式预解析如下：

```
<!DOCTYPE html>
<html lang="en">
<head>
    <meta charset="UTF-8">
    <meta name="viewport" content="width=device-width, initial-scale=1.0">
    <meta http-equiv="X-UA-Compatible" content="ie=edge">
    <title>缓存资源</title>
    <link rel="dns-prefetch" href="http://www.baidu.com">
</head>
<body>
    <a href="http://www.baidu.com">百度</a>
</body>
</html>
```

dns-prefetch 虽说可以加快页面解析速度，但不能滥用。现在的浏览器很智能，本身会自启隐式的预解析，比如页面中有一个 a 链接，这个链接的域名与当前页并不在同一个域名上，浏览器就会在空闲时对 a 链接进行解析，页面上没有链接则可以通过显式设置达

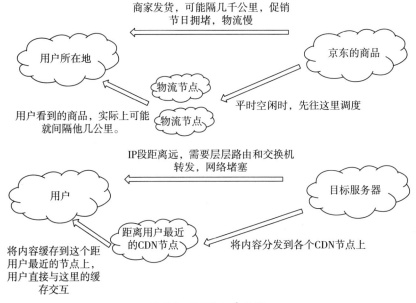

到 DNS 预解析的效果,提高页面性能。

7.1.2 CDN 部署与缓存

CDN 作为内容分发网络主要作用是将资源缓存在 CDN 节点上,后续访问即可直接通过 CDN 节点将资源返回到客户端,不需要重新回到源站服务器。

CDN 实际上就像一个菜鸟驿站或京东物流仓库,如图 7.3 所示。

图 7.3   CDN 加速原理

我们网购时,流程通常是下单—商家发货—快递送货—客户确认收货,也就是说,商品是从商家所在地出发,经过长途跋涉,才到了用户所在地。如果商家与用户的距离非常远,那么商品的运输路程就会非常远,会耗费很多的时间来运输。当双 11、双 12、618 等大促日到来时,不仅运送时间大大增长,还会造成运输道路上的拥堵,对其他运输造成影响。

网络实际上是一样的,基站、信号强度、带宽总量是固定的,当大家都在远距离发送信息时,网络不得不做多次转发,并通过局域网来寻找对应的计算机,非常耗时间,甚至当并发量很高的时候,网络可能会发生严重的拥堵。

如果客户下单的这件商品其实离得很近,甚至就放你家隔壁的京东物流仓库里,那么整个物流网络会实时跟踪,命中离你最近的这个仓库,或者物流节点。App 中展现的商品可能就是离客户比较近的物流仓库的商品。客户在 App 上看到的可能是商家发货,实际上是物流节点发货。

反观网络,CDN 实际上是将要访问的资源缓存到节点中,当我们访问资源时,实际上访问的这个网站是 CDN 节点。

　　CDN 对不同的 HTTP 请求的缓存方式是不同的，一般情况下都是缓存 GET 请求。

　　负责为用户提供内容服务的 cache 设备应部署在物理上的网络边缘位置，即 CDN 边缘层。CDN 系统中负责全局性管理和控制的设备组成中心层（二级缓存），中心层同时保存着最多的内容副本，当边缘层设备未命中时，会向中心层请求，如果在中心层仍未命中，则需要中心层向源站回源（如果是流媒体，那么代价会很大）。

　　CDN 骨干点和 CDN 边缘节点在功能上不同。中心和区域节点一般称为骨干点，主要作为内容分发和边缘未命中时的服务点；边缘节点又被称为 POP（point of presence）节点，CDN POP 点主要作为直接向用户提供服务的节点。

　　对于我们的网站而言，任何的延迟或数据更新慢带来的影响都是比较大的，此时一个比较常见的做法是将动态资源放在一个站点中，将静态资源，如功能逻辑代码，放在另一个站点中，CDN 只加速静态资源站点。

7.1.3　HTTP 缓存

　　HTTP 缓存是浏览器缓存中的一种，就如前面所提，缓存运用得好，整站的性能可以得到质的飞越。缓存实际上有很多，如后台 DB 到应用层的缓存（这个缓存更大的作用是保护数据库，当然也会提升数据查询性能）、到服务端的缓存等。这里要说的是一个更为重要的，对性能提升明显的缓存——HTTP 缓存。

　　我们来做一个实验，同样的资源，比如几张图片，一个通过缓存加载，一个通过服务端加载。

　　无缓存加载图片如图 7.4 所示。

Name	Status	Type	Size	Time	Waterfall
7.2%E3%80%81%E5%8... /writing/articleCode/%E...	200 OK	document	7.9 KB 7.6 KB	11 ms 7 ms	
1.jpg /writing/articleCode/%E...	200 OK	jpeg	41.9 KB 41.6 KB	64 ms 63 ms	
2.jpg /writing/articleCode/%E...	200 OK	jpeg	77.2 KB 76.9 KB	67 ms 64 ms	
3.jpg /writing/articleCode/%E...	200 OK	jpeg	27.0 KB 26.7 KB	68 ms 65 ms	
4.jpg /writing/articleCode/%E...	200 OK	jpeg	44.0 KB 43.7 KB	69 ms 66 ms	
5.jpg /writing/articleCode/%E...	200 OK	jpeg	34.1 KB 33.8 KB	68 ms 66 ms	
6.jpg /writing/articleCode/%E...	200 OK	jpeg	28.6 KB 28.3 KB	68 ms 66 ms	

图 7.4　无缓存加载图片

协商缓存加载图片如图 7.5 所示。

Name	Status	Type	Size	Time	Waterfall
7.2%E3%80%81%E5%8... /writing/articleCode/%...	304 Not Mod...	document	274 B 7.6 KB	5 ms 3 ms	
1.jpg /writing/articleCode/%...	304 Not Mod...	jpeg	274 B 41.6 KB	10 ms 9 ms	
2.jpg /writing/articleCode/%...	304 Not Mod...	jpeg	275 B 76.9 KB	10 ms 10 ms	
3.jpg /writing/articleCode/%...	304 Not Mod...	jpeg	274 B 26.7 KB	12 ms 10 ms	
4.jpg /writing/articleCode/%...	304 Not Mod...	jpeg	274 B 43.7 KB	14 ms 13 ms	
5.jpg /writing/articleCode/%...	304 Not Mod...	jpeg	274 B 33.8 KB	15 ms 15 ms	
6.jpg /writing/articleCode/%...	304 Not Mod...	jpeg	274 B 28.3 KB	16 ms 15 ms	

图 7.5　协商缓存加载图片

可以发现，直接通过服务端读取数据的速度要远比从缓存中读取的速度慢。

浏览器怎样判断一个资源是否走 HTTP 缓存呢？ HTTP 缓存通过怎样的设置才可以达到我们期望的目标？浏览器一般根据资源请求头部的参数来判断这个资源是否走缓存，流程基本如下。

（1）根据头部信息判断是否命中强缓存。如果命中则直接加载缓存中的资源，那么不再将请求发送给服务器。此时的状态码还是 200，但在 Size 列会显示 from memory cache，即来自缓存，如图 7.6 所示。

图 7.6　强缓存

（2）如果未命中强缓存，浏览器会将资源加载发送到服务器上，由服务器来判断浏览器本地缓存是否失效。如果没有失效，此时的服务器不返回资源，并将状态码置为304，浏览器继续从本地缓存中读取资源，如图 7.7 所示。

图 7.7　协商缓存

（3）如果此时协商缓存仍未被命中，那么服务器会将请求的这个资源从服务端完整返回。浏览器是怎么判断是否命中强缓存和协商缓存的？判断依据是什么？

其实这些信息一般都会被放在头部信息（请求头、响应头）中，浏览器读取头部信息后，会对其进行解析判断。强缓存主要是由 Expires 和更高优先级的 Cache-Control 来判断。Expires 是指缓存过期时间，是服务器具体的时间节点（绝对时间），如图 7.8 所示。

图 7.8 强缓存

若当前时间没有超过Expires设定的值，则代表此时请求的资源没有过期，命中强缓存。这种方式有一个很大的问题，由于 Expires 设置的是一个绝对时间，当客户端的本地时间被修改后，会产生缓存混乱的情况，此时就要用到 Cache-Control 了。

Cache-Control 设置的是一个相对时间，如 Cache-Control: 86400，代表资源的有效期为 86400 秒，也就是一天。Cache-Control 一般可以由多个字段组成，最常用的字段如下。

- max-age：指定一个时间长度，在这个时间内缓存是有效的，单位为秒。
- s-maxage：同 max-age，覆盖 max-age、Expires，仅适用于共享缓存，在私有缓存中被忽略。
- public：表明响应可以被任何对象（发送请求的客户端、代理服务器等）缓存。
- private：表明响应只能被单个用户（可能是操作系统用户、浏览器用户）缓存，是私有的，不能被代理服务器缓存。
- no-cache：看似不做缓存，实际上并不是，代表着强制所有的缓存了该响应的用户，在使用已缓存的数据前，发送带验证器的请求到服务器。
- no-store：禁止缓存，每次请求都要向服务器重新获取数据。

相比于 Expires，Cache-Control 的优先级更高，当头部信息同时设置了 Cache-Control 和 Expires 时，Expires 没有效果。协商缓存的判断规则稍微复杂一点，如图 7.9 所示。

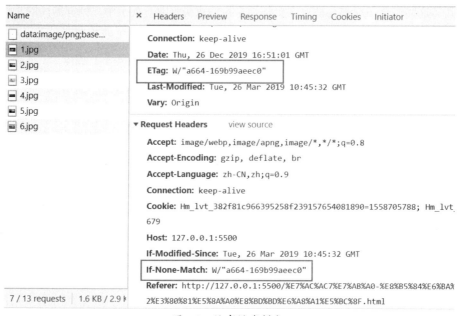

图 7.9　协商缓存判定

如果强缓存没被命中，此时会判断浏览器返回的头部信息是否存在 Etag。如果存在，浏览器会像服务器发送带有 If-None-Match 的请求头，并和服务器返回的 Etag 做对比。如果 if-None-Match 和 ETag 相同，说明缓存没有更新，服务器返回 304，浏览器继续从缓存中读取相应的内容；如果 if-None-Match 和 ETag 不同，则服务器返回 200，浏览器需要重新从服务器中获取内容。

如果服务器的返回信息里没有 ETag，则判断浏览器的返回信息里是否有 Last-Modified。如果有，浏览器会像服务器发送一个 if-Modified-Since 的请求，然后 if-Modified-Since 的值会和 Last-Modified 的值做对比，如果 if-Modified-Since 的值≥Last-Modified，则服务器返回 304，文件没有更新，直接读取缓存即可；如果 if-Modified-Since 的值＜Last-Modified，则说明浏览器的缓存不是最新的，需要从服务器重新读取。

基本的判断机制流程大致如图 7.10 所示。

其实协商缓存可以简单地理解为浏览器同服务端的协商。有时服务端并未设置缓存策略，但浏览器出于自身性能的考虑，会给这些请求过的资源做一定的缓存。当同样的资源再次向服务端发出请求时，浏览器会询问服务端，请求未命中强缓存，是否可以做协商缓存，并比对浏览器的缓存文件与服务端文件的版本号、最后修改时间，假如版本号一致或是最后修改时间一致，则该资源仍然从缓存中返回到用户。

缓存实际上是做一个高速的中间存储。假如数据是强缓存的，在缓存失效之前，若该数据已被修改，可能读取的还是原来的缓存数据而非修改后的数据。一般情况下，更改频繁度较低的静态资源（代码资源）、媒体资源等做缓存是比较好的，而后台服务提供的

JSON 数据一般就比较少做缓存，当然一些字典型的数据也可以进行缓存。

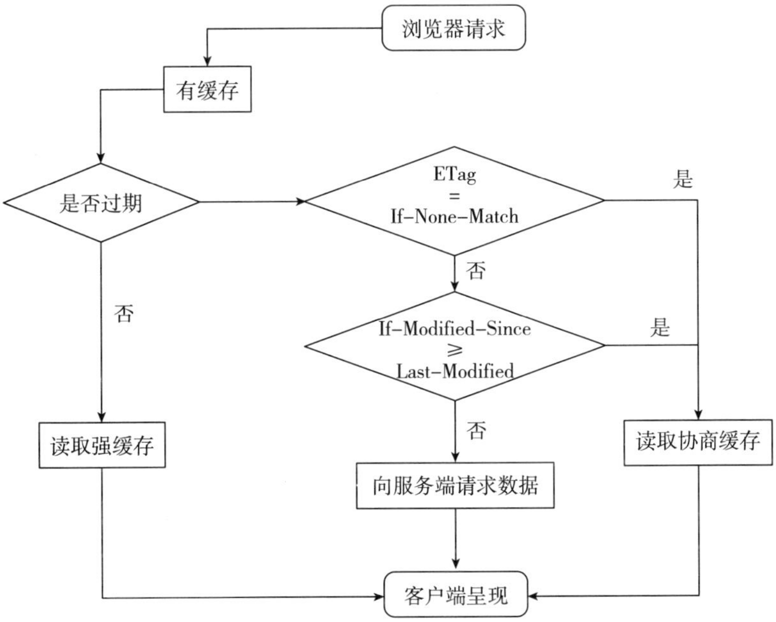

图 7.10　浏览器判断缓存类型细节

7.2　加载模式

除了资源的读取与解析过程可以优化之外，从它加载页面这个环节入手，如懒加载模式、分页加载模式、分区域 Ajax 无刷新加载渲染等，都可以提高系统的整体性能。

7.2.1　懒加载

一个网站或一个 APP，在实际的资源加载过程中，会有图片、音频、视频等文件。这些涉及图像、声音等复杂码流的文件一般都会很大，需要消耗很多带宽资源来加载。想要提高网页应用的性能，就要避免资源浪费在加载图像和视频上。但是，很多时候我们都不愿意或不能减少网页上的媒体资源，比如手机端浏览淘宝、天猫、京东商城等网站。

全部内容一次性加载的模式是否合理呢？又有什么更好的加载模式可以提升网站的性能？前端领域的前辈们已经帮我们找到了解决问题的方法，这种方法就是懒加载。它可以帮助我们在内容不偷工减料的前提下，减少等待时长，大大提升页面性能，提升用户体验，同时还可以减少用户设备的流量、耗电量等。

懒加载，也有人称之为按需加载，顾名思义，采用这个加载模式的程序非常懒，它只会加载我们所需要的东西。当浏览电商网站时，手指或鼠标一滑到某个点时下面的内容就会展现出来，这就是懒加载。它的加载模式是一开始并不把网站所有的内容都展现出来，而是先展现肉眼所及的那部分内容。比如 1~2 个屏幕高度的内容，手指往下滑动就能看完，当把这部分内容看完后，系统会重新把接下来的 1~2 页的内容再次加载出来，然后不断地循环，最终把整个长页的内容加载完。

下面我们一起来写一个 demo，体会一下懒加载模式。

准备几张图片（会被重复用到），一个创建好的文件夹，lazyload.js，jQuery.min.js（该插件基于 JQuery），node 环境，npm（最后两项内容是目前前端工程化必备的技能，npm 是一个 JavaScript 的包管理工具，可以简单理解成一种下载安装软件的下载器，只要 https://www.npmjs.com/ 上面的包，都可以通过 npm install <package name> 的方式下载安装）。

（1）进入建好的文件夹中，Shift + 鼠标右键，选择在此处打开命令窗口，安装懒加载所需的上面那些依赖（前提是安装了 node 环境，直接百度搜索 node.js 下载对应系统安装即可），命令：

```
npm install jquery        （安装 jquery）
npm install jquery-lazyload        （安装懒加载插件）
```

这时可以发现多了一个 package.json 文件（这是依赖包管理器）和 node_modules 文件夹。打开文件夹，可以在各自的文件夹中找到 jquery.min.js（在 dist 目录，里面是编译好的文件）与 jquery.lazyload.js 文件。

（2）在项目中引入文件。为了方便，我们把这两个 .js 文件放到根目录下（也可以放在其他处，但要保证 JavaScript 资源的路径引用对），引入的代码如下：

```
<script type="text/javascript" src="jquery.min.js"></script>
<script type="text/javascript" src="jquery.lazyload.js"></script>
```

此时在浏览器控制台打印一个 $，看能否打印出来，如图 7.11 所示。

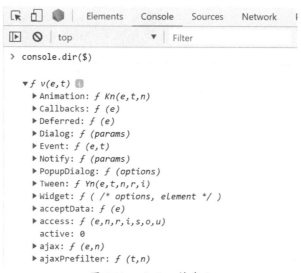

图 7.11　window 挂载 $

也可以打印 window，看能否在 window 对象中找到 jQuery，如果找到了，就代表成功挂载。

（3）加入图片资源，并初始化 HTML、CSS 和 js。

HTML（这里 img 的条数不一定足够延伸到页面底部，而懒加载一般需要滚动或滑动到当前页底部时才会触发，实验时可自行复制添加）

```html
<!DOCTYPE html>
<html lang="en">
<head>
    <meta charset="UTF-8">
    <meta name="viewport" content="width=device-width, initial-scale=1.0">
    <meta http-equiv="X-UA-Compatible" content="ie=edge">
    <title>Document</title>
    <link rel="stylesheet" href="CSS/loadModel.css">
</head>
<body>
    <section class="img-box">

        <div><img class="lazy" data-original="images/1.jpg" alt=""></div>
        <div><img class="lazy" data-original="images/2.jpg" alt=""></div>
        <div><img class="lazy" data-original="images/3.jpg" alt=""></div>
        <div><img class="lazy" data-original="images/4.jpg" alt=""></div>
        <div><img class="lazy" data-original="images/5.jpg" alt=""></div>
        <div><img class="lazy" data-original="images/6.jpg" alt=""></div>
        <div><img class="lazy" data-original="images/1.jpg" alt=""></div>
        <div><img class="lazy" data-original="images/2.jpg" alt=""></div>
        <div><img class="lazy" data-original="images/3.jpg" alt=""></div>
        <div><img class="lazy" data-original="images/4.jpg" alt=""></div>
        <div><img class="lazy" data-original="images/5.jpg" alt=""></div>
        <div><img class="lazy" data-original="images/6.jpg" alt=""></div>

        <div><img class="lazy" data-original="images/1.jpg" alt=""></div>
        <div><img class="lazy" data-original="images/2.jpg" alt=""></div>
        <div><img class="lazy" data-original="images/3.jpg" alt=""></div>
        <div><img class="lazy" data-original="images/4.jpg" alt=""></div>
        <div><img class="lazy" data-original="images/5.jpg" alt=""></div>
        <div><img class="lazy" data-original="images/6.jpg" alt=""></div>
        <div><img class="lazy" data-original="images/1.jpg" alt=""></div>
        <div><img class="lazy" data-original="images/2.jpg" alt=""></div>
        <div><img class="lazy" data-original="images/3.jpg" alt=""></div>
        <div><img class="lazy" data-original="images/4.jpg" alt=""></div>
        <div><img class="lazy" data-original="images/5.jpg" alt=""></div>
        <div><img class="lazy" data-original="images/6.jpg" alt=""></div>
    </section>
```

```
        <script type="text/javascript" src="jquery.min.js"></script>
        <script type="text/javascript" src="jquery.lazyload.js"></script>
        <script type="text/javascript" src="loadModel.js"></script>
</body>
</html>
```

CSS：

```
.hide{
    display: none;
}
.img-box{
    padding: 10px;
}
.img-box div{
    width: 32%;
    padding: 0.5%;
    float: left;
}
.img-box div img{
    width: 100%;
    height: 200px;
}
JavaScript:
$(function () {
    initPage();
});

function initPage () {
    $("img.lazy").lazyload({effect: "fadeIn"});
}
```

最终的目录结构如图 7.12 所示。

css	2019/3/30 21:22	文件夹	
images	2019/3/30 21:22	文件夹	
node_modules	2019/3/30 21:23	文件夹	
7.2、加载模式	2019/3/30 21:28	Chrome HTML D...	7 KB
demo	2019/3/26 17:52	JavaScript 文件	0 KB
jquery.lazyload	2015/8/26 23:04	JavaScript 文件	9 KB
jquery.min	2018/1/21 1:26	JavaScript 文件	85 KB
loadModel	2019/3/26 18:59	JavaScript 文件	1 KB
package-lock.json	2019/3/26 17:15	JSON 文件	1 KB

图 7.12　最终目录结构

（4）检验效果时会发现，这就是一个懒加载的效果。图 7.13 是一个淡入的效果图，快速截图时它还在淡入的过程中。

图 7.13　淡入效果图

懒加载其实应用很广泛，它既能提高性能，又能使网站好看，何乐而不为呢?

7.2.2 分页加载

在数据量特别大、图片特别多的时候，有一个很好的加载方式——分页加载。懒加载读取的是全部数据，并以优化一次加载的数据量的方式来优化页面性能，而分页加载读取的实际上仅仅是小部分的数据。

分页加载多应用于一些表格型的数据。如果应用系统一次性需要查出几百万、上千万甚至亿级的数据时，查询的速度会变得很慢。即使使用 Ajax，不影响用户操作，用户也需要等很久才能看到他们所需的数据，严重影响了用户体验。

这时就可以用分页加载来优化，将一眼能看到的几十条数据查出来给到用户。这种方式尽管取了巧，但实际上对用户的体验不会产生很大的影响。

对于后端数据的查询，分页加载比懒加载更加友好。一些数据在数据库中的存储方式不同或来源数据不一定在同一张数据表中，有可能是多张表的联合，这时需要进行关联查询。当数据量特别多时，查询的速度会非常慢，整体的响应性能变得极差。假如此时并不是将数据全部查出来，而是查询其中的几十条，就能极大地提升查询速度，优化系统性能。

当我们请求第一页的时候，后台实际上加载的不仅是第一页，还偷偷地查询了第二页，并放进缓存中，当单击下一页时，会直接从缓存里读取下一页信息，再配合使用 Ajax 等的无刷新加载、局部渲染的技术，用户打开界面时会有种酣畅淋漓的顺畅感。图 7.14 所示为一个较典型的分页加载界面。

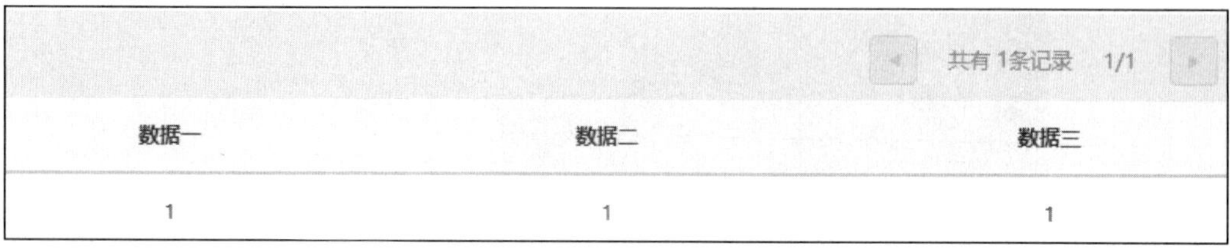

		共有1条记录　1/1　▶
数据一	数据二	数据三
1	1	1

图 7.14　分页加载页面

分页几乎是所有小说网站的标配，如果你在网上阅读过连载小说，肯定注意到了页面上一章、下一章的按钮，这其实就是一种分页方式。对于网站来说，一本小说短则一二十万字，长则几百万字甚至上千万字，数据量很庞大。对于阅读者而言，他们不能一次性看完全部内容，但可以一章一章地看，这是一种双赢的策略。

分页的原理其实很简单，就是向后台传递参数，并将数据通过模板引擎加载出来，每切换一页，就向后台传一页的页参数。一般情况下会向后台传递当前页数、每一页要展示的条数、查询条件等信息。

7.2.3 区域无刷 Ajax 加载

绝大多数情况下，页面展示给用户的数据实际上并非一整块，而是分区域的。我们可以想象一下，假设整个页面一起渲染，当有页面需要变动时就需要重新渲染整个应用，会造成浏览器资源的极大浪费。这时就需要一种仅更新数据改变区域的机制，Ajax 应运而生。现在几乎很少有重新刷新整个页面来更新数据的网站。

在一些展厅、大屏等复杂度较高、数据量较多且需要定时刷新的情况下，当一些接口在后台的查询速度不同时，还采用整体刷新，就会出现一种类似于木桶效应的情况。所有的数据不得不依赖于最慢的那个接口，造成非性能性的慢，严重时还会产生肉眼可见的延迟、白屏等。这种问题是完全可以避免的，最简单的做法就是把那部分的数据独立出来，单独区域性无刷（Ajax）渲染，改善用户体验。

Ajax 是 Asynchronous JavaScript and XML 的简写，中文翻译是异步的 JavaScript 和 XML，这一技术能向服务器请求额外的数据而无须卸载页面，会带来更好的用户体验。Ajax 包括以下几个步骤：

（1）创建 Ajax 对象；

（2）发出 HTTP 请求；

（3）接收服务器传回的数据；

（4）更新网页数据。

概括起来就是一句话，Ajax 通过原生的 XMLHttpRequest 对象发出 HTTP 请求，得到服务器返回的数据后，再在回调中进行处理。可以先来打印一下 XMLHttpRequest 对象，看它到底有什么。其实 HMLHttpRequest 对象中都是一些浏览器厂商的约定。可以在浏览器控制台（console）输入以下代码：

```
var ajax = new XMLHttpRequest();      // 实例化 XRH 对象并赋给 Ajax 变量
```
打印 Ajax 变量，如图 7.15 所示。

图 7.15　Ajax 对象

我们大致从一些源码中了解一下 Ajax 的机制。这是 jQuery 源码中关于准备状态 readyState 与状态码 status 的判断：

```
jqXHR.readyState = status > 0 ? 4 : 0;
```
readyState 有五个状态码，它们的含义如下。

0：请求未初始化。

1：服务器连接已建立。

2：请求已接受。

3：请求处理中。

4：请求已完成，响应已就绪。

一般情况下，我们并不关心服务器连接、接受、处理（readyState = 1,2,3）等过程，我们只关心请求发送后，服务器是否响应成功。

```
isSuccess = status >= 200 && status < 300 || status === 304;
```

这里的 status 就是图 7.15 中的 status 状态码，2** 是代表成功，最常见的是 200，服务器响应成功并返回数据。304 是此时的请求获取的数据被重定向到缓存中（浏览器命中协商缓存），即拿到的数据是缓存的数据。

当然 ES6 通常都是通过 promise 来做这件事情。在笔者看来，无论是 promise、fetch、async/await 等，还是基于这些出现的 axios、requst 等上层封装，思想基本与传统的 Ajax 一致，即请求数据并做到无刷区域性渲染。它们的区别只在于代码的直观性和可维护性（如避免回调等）。

7.3 资源优化处理

本节主要讲的是从资源本身入手，在功能正常的情况下，使资源所占的空间更小，比如压缩，转格式，或者删除一些冗余的代码。

7.3.1 CSS 预处理及压缩

先来做一个实验，实验的内容如下。

准备两个一模一样的 CSS 文件（越大越好），一个压缩，另一个不压缩，同样是通过外链 link 的方式引入，再找一个较差的网络环境，对比两个 CSS 文件。笔者第一时间想到的大的 CSS 文件是 bootstrap.css，再加入一些其他的 CSS 代码，整个文件的大小约为400KB，压缩后大小接近 300KB。

按【F12】键打开调试窗口，Network 中可以查看资源加载所需的时间，如图 7.16 所示。

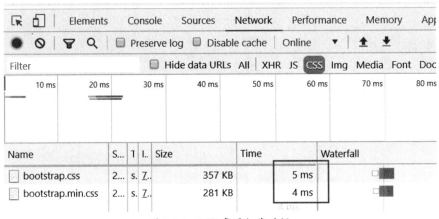

图 7.16 CSS 资源加载时间

通过缓存可以大大缩短时间，这也是前面着重提缓存的缘故，如图 7.17 所示。

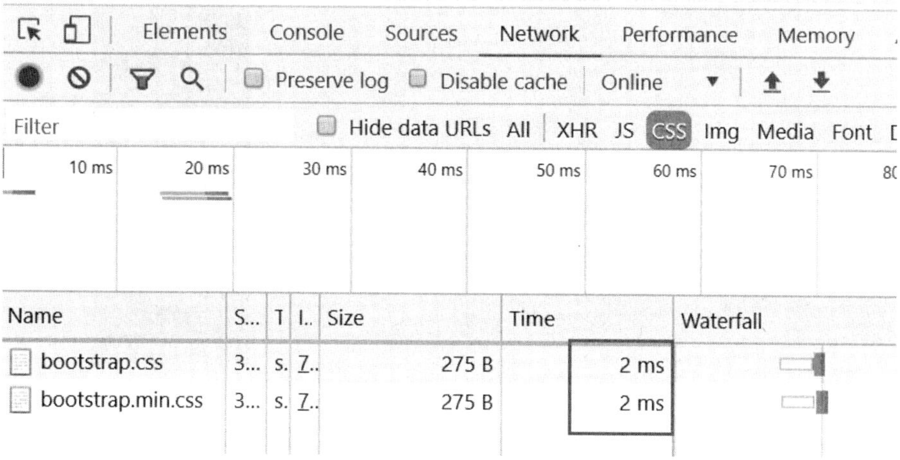

图 7.17　CSS 资源缓存加载时间

产生这样结果的原因其实很简单，文件越大，在同样网络环境下，下载所需要的时间就越长。

也许从图中你只看到快了几毫秒，一部分原因是笔者所处的网络环境比较好，另一个原因是这里是一个文件且该文件在 PC 端。一般情况下，同时加载的 CSS、HTML、JavaScript 等资源有很多，花费的时间也会成倍数增加。不压缩的后果可能就是用户不得不多花更多的时间来等待加载，而这部分特别是代码里面的注释、空格，对于用户来说，实际上是毫无意义的。

其实这些最终编译成的文件压缩后的大小与写原生的 CSS 相比并无太大优势，只不过用 Less、Sass 写的代码，在可维护性及模块解耦上更有优势，再加上现有的一站式压缩合并打包工具更加支持这类预处理器，如 Webpack，因此比较推荐采用预处理器编写 CSS。

7.3.2　JavaScript 代码压缩处理

与 CSS 一样，JavaScript 也是一种资源，文件的大小同样影响着页面资源加载速度并最终影响页面的性能。

我们可以通过一些工具来实现 JavaScript 代码压缩。推荐使用 koala（考拉）进行压缩，它的界面大致如图 7.18 所示。

图 7.18 koala 界面图

从图 7.18 中可以看到能转译的类型有以下几种。

● Styles（样式文件，这里是指非原生 CSS 文件，如 .less、.Sass 文件）。

● Scripts（脚本文件，这里是指非原生 JavaScript 文件，如 TypeScript 的 .ts 文件）。

● Tmpl（模板文件）。

● JS（原生 JavaScript 文件）。

● CSS（原生 CSS 文件）。

界面右侧是转译成的文件的压缩情况。下面来操作试一下。

单击 koala 工具的 compile 按钮后打开的是下面刚刚用于懒加载的 jquery.lazyload.js 文件压缩前的情况，可以看到有很多注释、换行和空格，如图 7.19 所示。

```
1   /*!
2    * Lazy Load - jQuery plugin for lazy loading images
3    *
4    * Copyright (c) 2007-2015 Mika Tuupola
5    *
6    * Licensed under the MIT license:
7    *   http://www.opensource.org/licenses/mit-license.php
8    *
9    * Project home:
10   *   http://www.appelsiini.net/projects/lazyload
11   *
12   * Version:  1.9.7
13   *
14   */
15
16  (function($, window, document, undefined) {
17      var $window = $(window);
18
19      $.fn.lazyload = function(options) {
20          var elements = this;
21          var $container;
22          var settings = {
23              threshold       : 0,
24              failure_limit   : 0,
25              event           : "scroll",
```

图 7.19 压缩前

在 koala 中将 compress 转译成压缩格式,如图 7.20 所示。

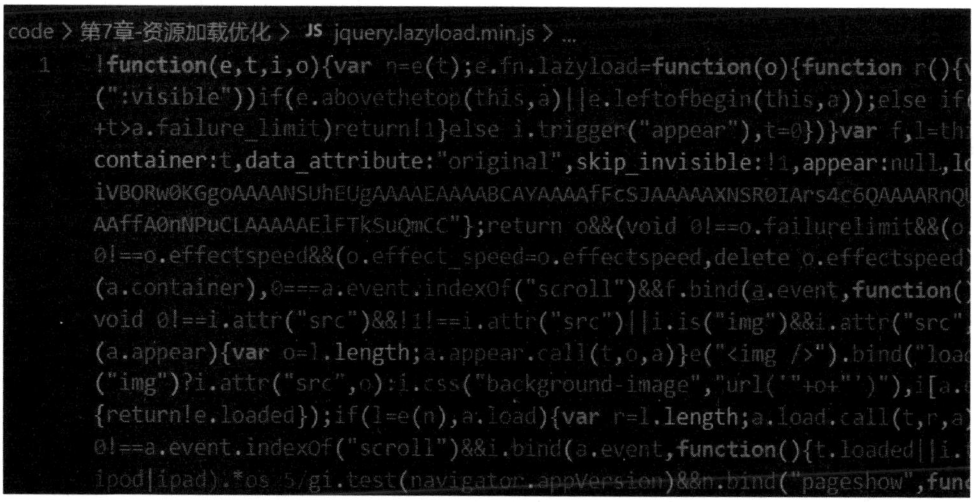

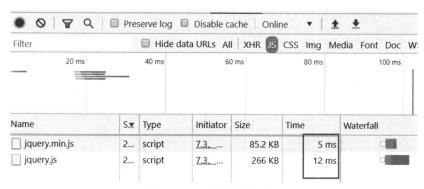

```
code > 第7章-资源加载优化 > JS jquery.lazyload.min.js > ...
1  !function(e,t,i,o){var n=e(t);e.fn.lazyload=function(o){function r(){
   ":visible"))if(e.abovethetop(this,a)||e.leftofbegin(this,a));else if(
   +t>a.failure_limit)return!1}else i.trigger("appear"),t=0}}var f,l=thi
   container:t,data_attribute:"original",skip_invisible:!1,appear:null,lo
   iVBORw0KGgoAAAANSUhEUgAAAEAAAABCAYAAAAfFcSJAAAAAXNSR0IArs4c6QAAAARnQU
   AAffA0nNPuCLAAAAElFTkSuQmCC"};return o&&(void 0!==o.failurelimit&&(o.
   0!==o.effectspeed&&(o.effect_speed=o.effectspeed,delete o.effectspeed)
   (a.container),0===a.event.indexOf("scroll")&&f.bind(a.event,function()
   void 0!==i.attr("src")&&!1!==i.attr("src")||i.is("img")&&i.attr("src")
   (a.appear){var o=l.length;a.appear.call(t,o,a)}e("<img />").bind("load
   ("img")?i.attr("src",o):i.css("background-image","url('"+o+"')"),i[a.
   {return!e.loaded});if(l=e(n),a.load){var r=l.length;a.load.call(t,r,a
   0!==a.event.indexOf("scroll")&&i.bind(a.event,function(){t.loaded||i.
   ipod|ipad).*os 5/gi.test(navigator.appVersion)&&n.bind("pageshow",fun
```

图 7.20　压缩后

同样做一个类似于 CSS 的实验。结果如图 7.21 和图 7.22 所示。

图 7.21　JS 资源加载时间

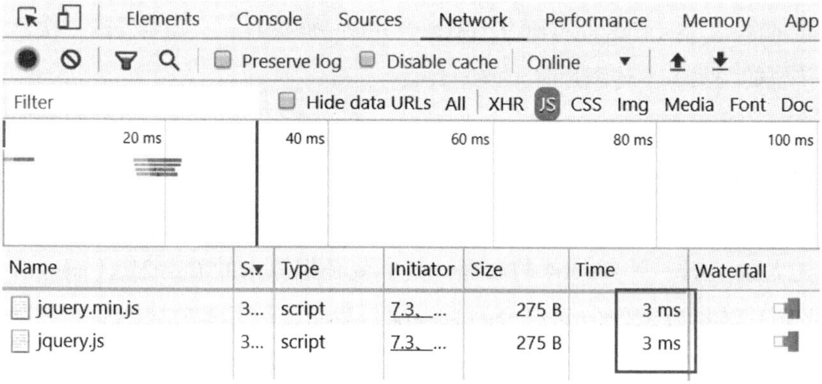

图 7.22　JS 资源缓存加载时间

JavaScript 代码压缩，再配合一点混淆技巧，可以将一些核心业务代码保护起来，相对较为安全。在前端领域中，这些 JavaScript 资源、网页数据基本上都能被获取，压缩混淆会增加获取的 JavaScript 资源的应用成本，相对比较安全。

7.3.3 Base64 的妙用

前面提到懒加载主要针对的是图片、视频等一些较大的资源，其实网页上还有另外一种图片，这种图片一般会很小，通常会平铺页面作为背景，比如一些简单的水印、重复颜色的背景等。此类图片由于背景图重复平铺，不能合并到 CSS sprites（雪碧图）中，但将其当成一张独立的图片占用一次请求又比较浪费，这时 Base64 就能解决问题。Base64 本身就是字符串，可以随着网页加载到页面中。

一张 Base64 图片通常要用好几页 A4 纸的 Base64 字符来存储，如图 7.23 所示。

```
▼<div class="pager-content" style="background-image: url("data:image/png;
base64,iVBORw0KGgoAAAANSUhEUgAACBMAAADICAYAAACwajt1AAAgAE1EQVR4Xu3df5BmVX3n8e/
3Pj1OD0yzSQzUZ1ddDqFRiWCbboe+9MwnqJq3q3LbpTAohJ/
ZU2CUSKQioIrZQLBAUSNCDpGESOlgiCBCLi4WlFDTShdi+7n3mbHtJti4xZauybzLL1TnfoHqafe7
bupqeqmWKEmXnuPed8z5u/ 0Ok+5/t9fT41/
3DqeVT4BwEEEEEAAAAQQQQAABBBBAAAAeEEEEEEEAAAQQQQ2CCgaCCAAAAIIIIAAAgg
ggAACCCAAAAIIIIAAAggggAACCCAAAAIIIIAAAhsFeExAHxBAAAAEEEEAAAQQQQQAABBBBAAAEEEEEAAA
QQQQAABBBBAAAEEEEDgKQI8JqAQCCCCAAAIIIIIAAAgggAACCCAAAAIIIIAAAgggAACCCCAAAAIIMB
jAjqAAAIIIIAAAggAACCCAAAIIIIAAAggggAACCCAAAAIIIIAAAkcW4JMJMJaAcCCCCAAAIIIIIAAA
ggggAACCCAAAIIIAAAggggAACCCAAAIIPEWAxwQUUAgEEEEEAAAQQQQAABBBBAAAEEEEAAAQQR
4TEAHEEAAAAAQQQQAABBBBAAAEEEEAAAQQQ4DEBUHAAAQQQQAABBBBAAAEEEEEAAAQQQQQQAABBBBAAAE
EEAAAQSeIsBjAgqBAAAIIIIAAAggAACCCAAAIIIIAAAggggAACCCAAAAIIIIAAAjwmoAMIIIIIAAAgg
ggggAACCCAAAIIIIAAAggggAACCCAAAIIIAAAgggcGQBPpmAdiAcwCCCCAAAIIIIIAAAgggAACCCAAAI
IIIAAAggggAACCCAAAIIPAUAR4TUAHEAgAAQQQQAABBBBAAAEEEEAAAQQ4DEBHUAAAQQQQAABBBBAAAEEEE
AAAQQQAABBBBAAAEEEAAAQQACBIwvwYS0S0AwEEEEAAAQQQQAABBBBAAAEEEAAAQQQ
EEEAAAQSeIsBjAgqBAAAIIIIAAAgggAACCCAAAIIIIAAAggggAACCCAAAAIIIIAAAjwmoAMIIIIIA
gggAACCCAAAIIIIIAAAgggcGQBPpmAdiCCCCAAAIIIIAAAgggAACCCCAAAIIAAAggggAACCCAAAIIIDAUwR4TEA
gggAACCCAAAIIIIAAAggggAACCCAAAAIIIDAUwR4TEAhEEAAAQQQQAABBBBAAAEEEEAAAQQQAABBBBAAA
EEEAAAQQACBIwswCcT0A4AEEEEAAAQQQQAABBBBAAAEEEAAAQQQ
AABBBBAAAEEEAAAQSeIsBjAgqBAAAIIIIAAAgggAACCCAAAIIIIAAAggggAACCCAAAIIAAAgggcGQBPmmAdiC
gggAACCCAAAIIIIAAAggggAACCCAAAIIIDAUwR4TEAhEEAAAQQQQAABBBBAAAEEEEAAAQQ4DEBHUAAAQQQQAABBBB
AAAEEEAAAQSeIsBjAgqBAAAIIIIAAAgggAACCCAAAIIIIAAAggggAACCCAAAIIIAAAgggcGQBPmmAdiCC
gggAACCCAAAIIIIAAAggggAACCCAAAIIIDAUwR4TEAhEEAAAQQQQAABBBBAAAEEEEAAAQQQAABBBBAAAE
EEAAAQSeIsBjAgqBAAAIIIIAAAgggAACCCAAAIIIIAAAgggcGQBPmmAdiCCCCAAAIIIIAAAgggAACCCCAAAIIA
gggAACCCAAAIIIIAAAggggAACCCAAAIIIDAUwR4TEAhEEAAAQQQQAABBBBAAAEEEEAAAQQQAABBBBAAAE
EEAAAQSeIsBjAgqBAAAIIIIAAAgggAACCCAAAIIIIAAAggggAACCCAAAIIIAAAgggcGQBPmmAdiCCCCAAAIIIIA
AAgggAACCCCAAAIIAAAggggAACCCAAAIIIDAUwR4TEAhEEAAAQQQQAABBBBAAAEEEEEAAAQQQAABBBBAAAE
EEAAAQSeIsBjAgqBAAAIIIIAAAgggAACCCAAAIIIIAAAgggcGQBPmmAdiCCCCAAAIIIIAAAgggAACCCCAAAIIA
gggAACCCAAAIIIIAAAgggcGQBPmmAdiCCCCAAAIIIIAAAgggAACCCCAAAIIAAAgggAACCCCAAAIIPAUwR4TEAhEE
gggAACCCAAAIIIDAUwR4TEAhEEAAAQQQQAABBBBAAAEEEEAAAQQQAABBBBAAAEEEAAAQQACBIwswCcT0A4AEEEEEEAA
QQQQAABBBBAAAEEEAAAQSeIsBjAgqBAAIIIIAAAgggAACCCAAAIIIIAAAgggcGQBPmmAdiCCCCAAAIIIIAAAggggAAC
CCCAAAIIAAAgggcGQBPmmAdiCCCCAAAIIIIAAAgggAACCCCAAAIIAAAggggAACCCCAAAIIIAAAgggcGQBPpmAdiCAAAIIII
IIIAAAggggAACCCCAAAIIIDAUwR4TEAhEEAAAQQQQAABBBBAAAEEEEAAAQQQAABBBBAAAEEEAAAQQIDHBHQAAQQQQAABBBB
AAAEEEAAAQQQAABBBBAAAEEEAAAQQQAABBI4swCcT0A4EEEEAAAQQ
```

图 7.23　Base64 图片

每一张图片都是一个请求，无论图片多小，它都会耗费一次 HTTP 请求，这显然不是我们希望看到的。CSS sprites 能将所有小图标合并成一张图片，只需要发送一次请求即可。

一个传统的场景，上传图片时，该怎么做？

最简单的方法是用 input 将 type 设置为 file，再将图片传入。上传到服务器时，可以把图片转成 Base64，相当于将图片做成字符串传送到后台，再由后台重新转成文件，存入服务器中。

我们先大致了解一下 Base64 的原理，其实就是把原来的 Base256（编码有 256 种）编码格式的图片转化为只有 64 种符号的 Base64，我们看一下图 7.24。

编号	字符	编号	字符	编号	字符	编号	字符
0	A	16	Q	32	g	48	w
1	B	17	R	33	h	49	x
2	C	18	S	34	i	50	y
3	D	19	T	35	j	51	z
4	E	20	U	36	k	52	0
5	F	21	V	37	l	53	1
6	G	22	W	38	m	54	2
7	H	23	X	39	n	55	3
8	I	24	Y	40	o	56	4
9	J	25	Z	41	p	57	5
10	K	26	a	42	q	58	6
11	L	27	b	43	r	59	7
12	M	28	c	44	s	60	8
13	N	29	d	45	t	61	9
14	O	30	e	46	u	62	+
15	P	31	f	47	v	63	/

图 7.24　base64 编码表

相比原图 256 的编码格式，Base64 格式的图片实际上更大，那为什么还要这样做呢？

从解析的角度来说，Base64 是最优解。图片细化到像素点后，实际上是一个个的 RGB 三原色。三原色的数值范围就是 0~255，刚好是 2^8，计算机都是二进制数据，即需要 8 个二进制数来存储（刚好一个字节是 8 位二进制数）。Base64 不是 0~255，而是 0~63，需要 2^6，也就是 6 个字符来存储。

有了上面的前提，以一张 100KB 的图片，一种颜色维度为例，1KB = 1 × 1024 = 1024（字节），要转成 Base64，在不做任何字符压缩的情况下，需要 1024 × 8 ÷ 6 ≈ 1365（字节），这样其实 Base64 并不占优势，反而是劣势。

用原 Acall 码时需要在 256 个数据的表格中找 1024 次，如果是最差的情况，需要找 256 × 1024 次。用 Base64 时，64 个数据的表格中需要找 1365 次，如果是最差情况需要找 64 × 1365 次。可以预见转成 Base64 的图片解析速度要比原文件快很多，这也是它性能提升的一个方面。

7.3.4 大、中、小图片方案及图片压缩

在一些页面中，有时候同一张图片可能既要显示较大，又要像 LOGO 一样显示在一个很小的地方。这时如果采用纯小图，再做图片大小调整，会出现图片模糊不清的情况；如果采用纯大图，会无形中强制用户下载大图片。

图片在大多数网站中实际上是最消耗性能的，所以不推荐网站或 APP 采用同一张图片展示，比较好的做法是采用大、中、小、大小、中小等多种图片形式，以最合适的大小展示给用户。

图片压缩可以从去除图片源数据，如相机、时间、地点等方面入手，压缩实际上会影响图片质量，但控制得合理就不会产生太大影响。

假如你的网站有某张跟网站 LOGO 一致的资源图，加上 LOGO，再加上用于选项卡的 favicon，就能构成了大、中、小的三种应用。当然你也可以都用一张大图来处理，比如：

```html
<!DOCTYPE html>
<html lang="en">
<head>
    <meta charset="UTF-8">
    <meta name="viewport" content="width=device-width, initial-scale=1.0">
    <meta http-equiv="X-UA-Compatible" content="ie=edge">
    <link rel="favicon" href="images/1.jpg">
    <title> 大中小三方案 </title>
    <style>
        .logo{
            width: 20px;
            height: 20px;
        }
        .logo img{
            width: 100%;
            height: 100%;
        }
        .content{
            margin: 5px;
            padding: 20px;
        }
    </style>
</head>
<body>
    <!-- 网站 logo, 一般情况下 logo 的图标的大小算是中等或更小 -->
    <div class='logo'>
        <img src="images/1.jpg" alt="logo">
    </div>

    <!-- 网站中的插图 -->
    <div class='content'>
        <img src="images/1.jpg" alt="1">
    </div>

</body>
</html>
```

三个需要用到这张图片的地方用的是同一张大图，但这样会出现类似于 favicon 的情况，如 1KB~2KB 就能搞定的小图，却采用了一张几百 KB 的图，很浪费系统加载资源，同时也会加大系统在渲染 DOM 时整体的负荷。

这时候就特别适合使用大、中、小三种图片方案来完善这个需求。可以将 favicon 需要的图换成一张几 KB 的小图，LOGO 可以稍微大一点，但最多几十 KB，这样能大大减少系统所负荷的资源，提高系统的性能。

7.3.5 屏蔽开发时的调试、日志代码

网页开发过程中一般会通过各种各样的调试代码进行调试，如 console 打印日志、警告、错误等信息，debugger 设置断点等。这部分在最终的生产环境上是没用的，并且一些断点，特别是后台的断点，还可能导致接口不可用，所以开发完代码后，在提交 Git 或 SVN 之前都会有一步删除调试代码的操作。

这其实已成为大部分开发人员的习惯，但也会有一部分开发人员把功能部分完成了，但代码仍然混乱，调试代码、前端日志代码都未删除，这是很不好的习惯。

日志很重要，后端多数定位问题解决时根据的就是日志，前端也需要。有一个很常见的例子，我们有时候想看一个异步请求返回的 JSON 数据，这时候就可以将返回 response 的数据打印出来作为日志查看。通常大公司都有自己的框架，而日志系统通常也是框架中重要的一环，大多数常见的日志会被封装在内部，以便出现系统故障时快速定位问题。一些 Ajax 数据请求方法会被再次封装，并添加一些数据日志（如将后台服务的接口返回的 JSON 数据打印）输出，帮助定位，同时还会有一个开关一键开启与关闭日志。

日志对于用户来说是毫无用处的，但过多的日志会对系统造成一定的负担，甚至导致系统崩溃。通常后台的日志会有一个定期清理机制，如 1~3 个月清理一次。程序的一些循环内部一般也不打印日志，但会在外部打印，类似于 ×× 循环开启，×× 循环结束等情况。

日志的打印非常简单，以前端为例，输入 console.log(' 日志内容 ') 即可。除此之外，还有 console.warn、console.error、console.trace，下面看一下具体案例：

```html
<!DOCTYPE html>
<html lang="en">
<head>
    <meta charset="UTF-8">
    <meta name="viewport" content="width=device-width, initial-scale=1.0">
    <meta http-equiv="X-UA-Compatible" content="ie=edge">
    <title> 日志打印 </title>
</head>
<body>
    <script>
        // 很简单一句 console.log
        console.log('hello world');
        // 或者
        console.info(' 你好啊 ');
```

```
//   假如想打印错误日志，则可以
console.error(' 类型错误 ');
//   当然也可以打印警告信息
console.warn(' 警告警告 ');
// 一些其他不太常用的比如表格
var obj = {
    'name' : 'dorsey',
    'age' : 25,
    'sex' : ' 男 '
}
console.table(obj);
// 计时器——time，timeEnd
console.time(' 计时器 1');
for (var i = 0; i < 100; i++) {
    for (var j = 0; j < 100; j++) {}
}
console.timeEnd(' 计时器 1');
//   追踪函数调用过程：trace
//   可以打印某个函数被调用的过程
function fn3(a) {
    console.trace();
    return a;
}
function fn2(a) {
    return fn1(a);
}
function fn1(a) {
    return fn3(a);
}
var a = fn2('123');
//   再看一个完整的 class 类内部打印日志的示例
//   实现在 10 ~ 100 范围内随机取 10 个数，存入数组，并做排序
//   需要注意，可能会出现重复的情况
class getNums {
    constructor(min, max) {
        this.map = {};
        this.res = [];
        this.index = 1;
        this.run(min, max);
    }
    init(min, max) {

        let random = this.createRandom(min, max);
        'undefined' === typeof this.map[random] && (this.res.push(random),
this.map[random] = this.index ++);
    }
```

```
            createRandom(min, max) {
                return Math.floor(Math.random() * (max - min) + min);
            }
            run(min, max) {
                while (this.res.length < 10) {
                    this.init(min, max);
                }
                console.log('this.res = ');
                console.log(this.res);
                console.log('========================');
                this.res.sort((a, b) => a - b);
            }
        }
        let res = new getNums(10, 100).res;
        console.log('res 的输出结果是：')
        console.log(res);
    </script>
</body>
</html>
```

再看控制栏打印的输出，你会发现原来日志也可以打印得如此详细，如图 7.25 所示。

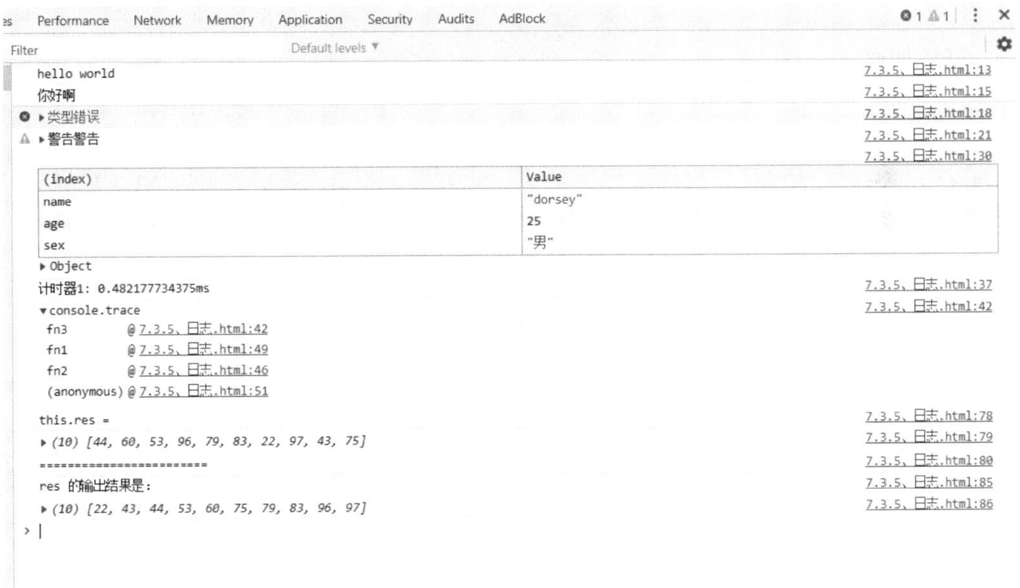

图 7.25　日志打印

第**8**章　其他层级优化

前面几章主要讲从不同的层级对性能做相应的优化，如前端"三剑客"、资源、缓存等，实际上，能做优化的不仅仅是这些层面，其他方面也能做很大的优化。

本章将详细介绍一下内容。

- 深入剖析页面的渲染过程，重点介绍平时容易被忽略的地方；
- 交互的请求数；
- 数据结构的处理；
- 异步；
- GPU 加速。

8.1　页面渲染过程

本节主要介绍 JavaScript 的运行机制，整体上就是单线程 + 异步。与其他语言相比，这种模式有哪些优点？下面将详细介绍。

8.1.1　从输入一个 URL 到页面出现的过程

平时访问一个网站，比如百度，可能我们直接单击某个收藏夹就能打开，在没有收藏的时候，可能通过输入 www.baidu.com 访问网站。为什么写一个域名就可以访问百度主页呢？

实际上，整个大的互联网，都是由一台台计算机组成的，访问百度或谷歌，实际上就是访问部署了百度或谷歌页面的那台机器。就像邻里间串门一样，只要知道了这台计算机的 IP 地址和端口，并且网络是连通的就能互相访问。

明白了计算机之间的相互通信需要计算机的 IP 地址这一道理，就可以回答上面的问题了。从输入一个 URL 开始，直到页面显示在你眼前，这个过程经历了什么？

这其实是一个送信与回信的过程，总结起来大致如下。

1. 用户写了一封信，在信封上写下对方的地址——DNS 解析，即域名 → IP 的过程

计算机访问需要知道 IP，然而 IP 一般是 14.215.177.39 这样的。虽然这种形式对于计算机来说很好辨别和通信，但对于用户来说，就很难辨别了，所以就有了域名，也就是 www.baidu.com。

既然用户输入的是域名，就需要某种机制重新将这个域名转化成 IP，这就是当用户的 URL 输入之后发生的第一步——DNS 解析。计算机需要知道用户访问的位置。

2. 快递员接过用户的信，出发——浏览器向目标主机发出请求，即 Request

邮递员出发了，带着用户的信，穿越层层路由或局域网，到达目的地。这封信除了有地址和用户的各项信息外（请求头 Request Headers），还会有用户访问的意图（请求参数 Params）。

3. 信送到了，但信的内容要让对方看得懂——HTTP/HTTPS 协议

对于网络通信来说，数据包被截取是很容易的一件事，发出的通信请求也不一定是网络通信，可能仅仅是打电话或发短信。这些都是电磁波，都要区分。

双方做好约定，签协议，规定一份只有双方能看懂的摩尔斯密文，既可以做请求过滤，又可以做信息加密。这就是 HTTP/HTTPS 协议，或者更广泛地说是 TCP/IP 协议——浏览器一般会选择一个大于 1024 的本机端口向目标 IP 地址的 80 端口发起 TCP 连接请求。经过标准的 TCP 握手流程（一般是三次握手：告知服务端、客户端发送准备——告知客户端、服务端接收准备——告诉服务端、客户端发送确认），建立 TCP 连接。

这样就能读懂信了，但信的内容是什么呢？简单地说，就是索要我们输入的域名下的根页面（Index.html）。

4. 对方回信——Respond Message

作为被访问方，比如访问的是百度，百度需要先判断访问者能不能访问，访问者的 IP 是否合法，是否在黑名单上等。信息验证通过之后，会按照访问者的请求发送响应的数据包。

5. 查阅回信——浏览器加载及渲染页面

这个过程实际上就是将一份 Word 文档下载下来并打开看的过程。此时涉及浏览器对超文本文档 HTML（或者说 Document 树文档结构）的解析、静态资源的加载、CSS 样式层的渲染、JavaScript 行为层脚本的运行等。

以上内容就是整个过程。在这一过程中，可能还包括一些加密与解密的过程，也就是

把上面提到的密码本制作得复杂些，不让人轻易看懂，就安全了。

8.1.2 不做重复的加载

8.1.1 小节中的送信到回信过程，在前面几章所做的各项性能优化中都是或多或少的优化了其中的某一个小段。熟悉并深入理解这个过程，后续的优化就容易理解得多。

本节从查阅回信这个过程着手。当打开一份 Word 文件时，我们可能会不小心单击了好几次，同时打开了好几份 Word 文档。这种情况对于网页来说，实际上是多刷新了几次，或者说某一个区域被多次渲染。下面举一个很简单的应用例子。

<iframe> 是一个 HTML 标签，它允许我们在里面嵌入一个同源或不同源的网页。这在一些门户网站上很常见。大致结构如下（比如在同一个网页中又能看到百度，又能看到新浪）：

```html
<!DOCTYPE html>
<html lang="en">
<head>
    <meta charset="UTF-8">
    <meta name="viewport" content="width=device-width, initial-scale=1.0">
    <meta http-equiv="X-UA-Compatible" content="ie=edge">
    <title>重复多次加载</title>
</head>
<body>
    <iframe src="https://www.sina.com.cn/" frameborder="0" width='1050' height='300'>
</iframe>
    <iframe src="https://www.baidu.com/" frameborder="0" width='810' height='600'>
</iframe>
</body>
</html>
```

如果系统是平台型、中控型，那么 <frame> 可以很方便地在你的系统中内嵌来自于不同地方的页面，无须考虑浏览器的同源策略问题。

由于 <iframe> 本身独特的阻隔特性，它里面的资源（如 CSS、JavaScript）无法与父页面共享，也就是说，即使父页面已经加载了 <iframe> 里面需要引入的各类资源文件，<iframe> 也需要再加载一遍，但多数情况下是从浏览器的缓存（最常见的协商缓存 304）中读取。

即使缓存再快，加载也是需要时间的。这种重复性的加载显然不是我们想看到的，比较影响性能，这也是 <iframe> 在各大应用中越来越少见的一个原因。当然现在用得较多的方法是通过路由、锚点跳转。

不做重复性加载的另一个原因是可以有意识地减少重复资源、重复代码等，比如重复代码。很多 CSS 样式代码类名不同，但里面的各个样式完全一样，甚至样式的类名也一样，但存在的文件不一样。

这种情况可能是一个人复制的样式代码被用到了另外的地方，这里并非说【Ctrl + C】和【Ctrl + V】组合键不好用，这两者用得好可以极大地提高开发效率。上面这种情况，更大的可能在于未做好公共与私有样式的权衡。

当项目初见成型，各项基础设施都搭好之后，如果需要这种样式，就到对应的页面复制这部分样式，并放进该页面的 CSS 文件中，这种方法确实挺快，但这种做法会直接或间接导致重复性的资源浪费。

这时候可能要考虑的就是开发编码规范问题，即做好约定。简单举一个例子，如果某些代码较长或后续较容易被复用的话，这部分的代码可以单独抽取出来成为公共的资源，减少重复性的加载。

8.1.3 精简 Cookie

回看 8.1.1 小节，送信到回信过程中的第 2 步就是浏览器发出请求的过程。这时候用户的信封上面会写着各项信息等，即浏览器的请求头，其中可能包含请求格式、缓存策略内容等，而 Cookie 也在这里面。

是浏览器每次发送请求都会默认带上 Cookie。之所以要带 Cookie，一个原因是 HTTP/HTTPS 协议是无状态的，也就是服务器并不清楚用户上一次做了什么，而这很大程度上阻碍了交互式 Web 应用的体验，因为服务器每一次都需要重新知道你是谁，你来干什么。有了 Cookie，服务器就可以设置或读取 Cookie 中的信息，比如用户的登录信息，借此维护用户与服务器会话中的状态。Cookie 可以一定程度上帮助服务器更快地判断用户是谁，来做什么。

网络带宽是一致的，如果请求头冗余，会使整体的数据包变大，延长读取和解析的时间。尽管 Cookie 可能大多数情况下只有 1KB 左右，但如果每次都带上这 1KB 的内容，显然会增加运行负担。这就是精简 Cookie 的原因。

精简 Cookie 的做法其实很简单，由于 Cookie 本质上是一串字符串，所以除了用于保持登录状态的基本用户信息之外，尽量不要将其他信息写进 Cookie，尽管 Cookie 用起来很方便，但还是要让这串字符串越短越好。SessionStorage 和 LocalStorage 也可以写一些缓存信息，所以可以尽量避免过重的 Cookie。

简单地来看一下浏览器的 Cookie 及其常见使用情况，如图 8.1 所示。

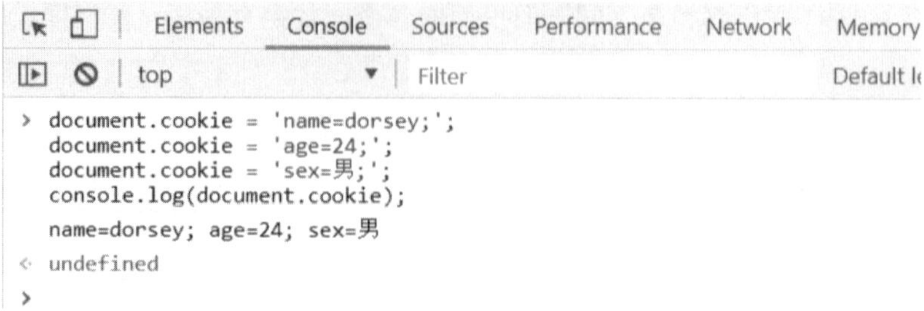

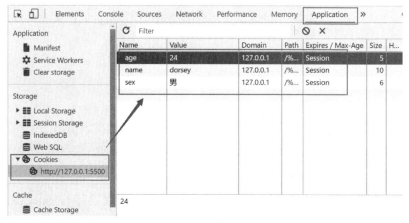

图 8.1　Cookie

以 Chrome 为例，Cookie 一般在浏览器存放的位置如图 8.2 所示。

图 8.2　Cookie 存放的位置

　　Cookie 精简之后可以减少不必要的信息，减轻页面运行负担。合理的 Cookie 设置也可以作为一个小容量的缓存。在开发过程中，尽量别把所有信息都存放在 Cookie 中，有意识的精简 Cookie 是一个好的习惯。

8.1.4 合理利用 SessionStorage 和 LocalStorage

　　SessionStorage 和 LocalStorage 是前端的存储（缓存）。前者是会话（浏览器窗口）层面的缓存，在会话关闭之前，这个缓存会一直存在；后者是浏览器本地缓存，存储在浏览器的本地文件夹中，即使会话关闭了，它也不会消失。

　　SessionStorage 和 LocalStorage 存储的值都是 key-value 键值对的形式，这在前端领域甚至说后端领域都非常常见。一些轻量且高效的数据交换格式采用的正是这种键值对形式的存储，如 JSON，很多高效的、基于索引查询的大数据搜索引擎，其数据的格式也是 key-value 键值对的形式，如 Elasticsearch。

　　SessionStorage 和 LocalStorage 的用法几乎一样，可以参考图 8.3，它们都是挂载在 window

对象下。

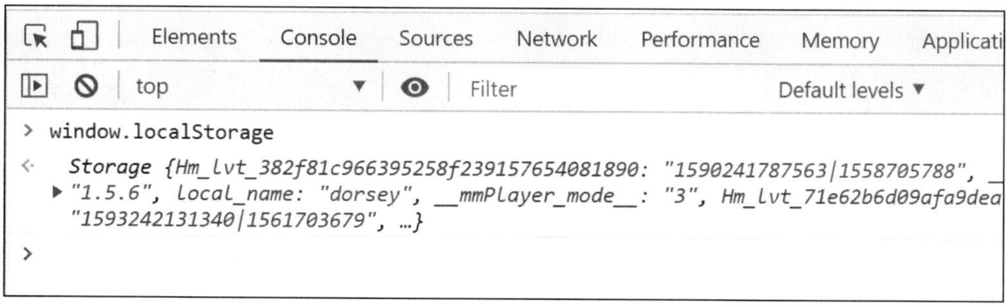

图 8.3 LocalStorage 对象

既然是挂载在 window 对象之下，那么就可以直接通过 window.sessionStorage 和 window.localStorage 读取这两个存储。下面来看一看它们的用法。

对于任何内存、变量操作，其实无非就是增、删、改、查，这就是操作数据库时常说的 CURD。Session 和 Local 存储都是一小块内存，操作方式也不例外。

先来看一看新增一条存储，通过 setItem：

```
sessionStorage.setItem("session_name", "dorsey");
localStorage.setItem("local_name", "dorsey");

console.log(sessionStorage);
console.log(localStorage);
```

这样就能轻松地将一条 key-value 的键值对缓存进 LocalStorage 和 Session-Storage 中，如图 8.4 所示。

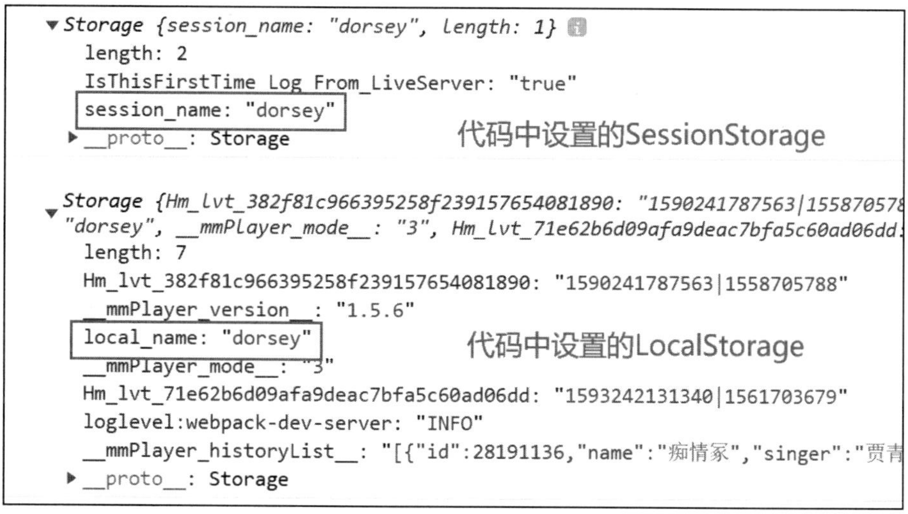

图 8.4 Session 和 Local 存储的新增

再来看一下修改。其实修改也是一种新增，也可以说是设置某一项，即 setItem。假设我们要对其中的 local_name 项做修改：

```
localStorage.setItem("local_name", "dorsey");
console.log(localStorage);
localStorage.setItem("local_name", "xiaoming");
console.log('修改后的 localStorage 如下: ')
console.log(localStorage);
```

最终打印出的结果如图 8.5 所示。

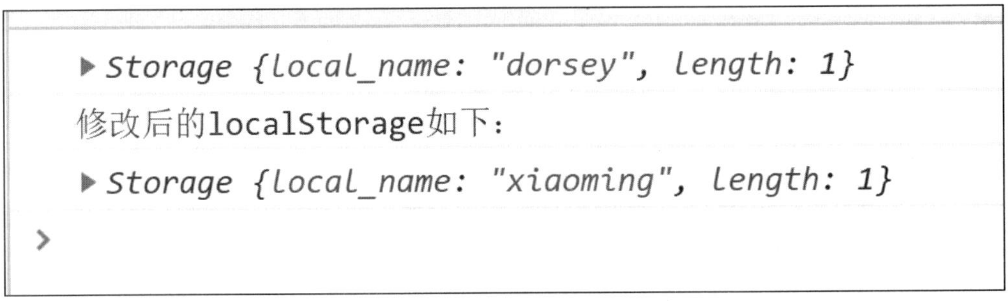

```
▶ Storage {local_name: "dorsey", length: 1}
修改后的localStorage如下:
▶ Storage {local_name: "xiaoming", length: 1}
>
```

图 8.5 Session 和 Local 存储的修改

知道了增和改，接下来再来看一下查询操作：

```
var session_name = sessionStorage.getItem("session_name");
var local_name = localStorage.getItem("local_name");
// 打印一下结果
console.log(session_name);
console.log(local_name);
```

最终可以看到，打印的结果是之前设置的"dorsey"与"xiaoming"。

最后来看一下删除某一项的操作：

```
// 删除这一项
sessionStorage.removeItem("session_name");
localStorage.removeItem("local_name");
// 重新来查这一项，看是否还存在
var session_name = sessionStorage.getItem("session_name");
var local_name = localStorage.getItem("local_name");
// 打印一下结果
console.log(session_name);
console.log(local_name);
```

可以发现，无论是存储于 SessionStorage 里的 session_name，还是存储于 LocalStorage 里的 local_name，值都为 null，也就是空，因为它们都被删掉了。

如果不想一条条地删，想直接清空，也可以通过 clear 来操作。

```
sessionStorage.clear();
localStorage.clear();
```

SessionStorage 和 LocalStorage 都支持通过 length 遍历每一项。由于 Session-Storage

和 LocalStorage 的用法是一样的，这里以 SessionStorage 为例讲解，操作如下：

```
// 清空下之前的设置
sessionStorage.clear();
// 重新设置两项存进 sessionStorage 中
sessionStorage.setItem("session_name", "dorsey");
sessionStorage.setItem("session_age", "25");
// 通过 length 属性来遍历
let sessions = sessionStorage;
for(let i = 0; i < sessions.length; i ++) {
    let key = sessions.key(i),
        value = sessions.getItem(key);
    console.log([key, value]);
}
```

最终打印的结果如下。

```
▶ (2) ["session_age", "25"]
▶ (2) ["session_name", "dorsey"]
```

图 8.6 通过 length 做遍历

尽管它有 length 属性，但它不是数组，没有 forEach、map、filter 等工具函数。由于内置了 setItem、getItem、removeItem、clear、key 等函数，它不能采用 for in（for in 会遍历内置的属性）遍历。它也不是迭代器，不能采用 for of，最好采用原生 for 循环遍历，做数据格式的转换等。

8.2 控制交互请求

Web 应用最核心的东西就是用户——数据信息服务之间的交互。前端是媒介，整个交互体验实际上是由一个个小的交互请求组成。这些请求并不是无成本、无消耗的，而是需要资源支撑的，比如网络带宽资源、服务器的线程服务资源等。

合理地控制交互请求、减少请求数，是每一位前端工程师工作时需要注意的事情。这对系统的性能提升有很大的帮助。

8.2.1 浏览器请求并发数限制

浏览器请求并发数限制在第 2 章的前端性能瓶颈中有提及，这里再做一下总结与回顾。

在计算机资源里，能真正地对硬盘、内存等做分配的是系统（可以是 Linux 系统，也可以是 Windows 系统）。对于上层的应用（如浏览器）来说，只能从系统里分配一定的资源来完成它的功能，所以它的资源有限。这也是基于浏览器的大型应用（如 3D 游戏）性能不如原生的客户端的原因。

因此，浏览器基于自身的情况考虑，对各类可能存在大量资源浪费的操作都做了限制，而同源的交互请求并发数就是其中之一。

目前，请求并发的条目数都有逐渐往谷歌的 Chrome 浏览器靠拢的趋势，常见的限制数是 6 条。6 条代表的意义是同源，同一时刻浏览器最多允许处理的请求是 6 条。这个请求可以是 XHR、非 XHR，也可以是一个非常小的图片。只要是从服务端发出的，就可以算是一个请求（这也是为什么要采用 CSS Sprite）。这个请求并发限制数可以在浏览器的配置里修改，但这样可能会导致浏览器不稳定。

8.2.2 减少同后端交互请求数

浏览器的并发限制不仅对浏览器本身有好处，还对服务端有好处。对于服务端来说，某一时刻的并发量过大是一个非常重要且严肃的问题，严重时可能导致数据库宕机或服务器崩掉。

服务端并发总量要想提高，常见的做法有三种：一是加服务器、做集群；二是改变架构，如新增中间件分发、服务总线；三是加快处理的速度，如数据库缓存、资源或模板等。加服务器的方法简单粗暴，但非常耗钱，好的服务器很贵！做架构调整和缓存都是很好的方式，但重构很耗时，并且对于大型应用来说，几乎在开始时就已基于市面现有技术考虑了，很少再做变更，除非新的技术和实现方案出现。

开发工程师在开发时可以有意识地减少同后端交互的请求，如做一些请求的合并、前端的缓存、资源的打包等。这些在有限资源的情况下做的小调整，相比于上面讲的三种大改动，成本小得多。

下面具体讲一下这些小调整。

请求的合并：如 CSS Sprite，数据结构的调整（尽量不要采用数据量过于单一，不得不用多条请求完成某块前端区域展示的数据结构）。

前端的缓存：SessionStorage、LocalStorage、Cookie 等，Cache 的合理设置也很重要，最简单的做法有缓存过期、失效时间的震荡错开等。有些通过 IndexDB，即浏览器数据库，在前端实现简单的 CURD 操作。这些做法都可以有效减少同后端的交互请求数。

资源的打包：目前此类工具已经有不少，如 Gulp、Grunt、Webpack 等打包合并 JavaScript。JavaScript 是一种资源，由多个文件合并成一个，请求数自然而然就从多条变成一条，这种情况类似于 Kafka Steam 的 Branch，将多条消息打包成一个 Branch，再一起发出来，当然这里更多的是基于吞吐量的考虑，但打包合并的思想还存在。

还有一些其他的方式，如将传统的轮询方式替换成 WebSocket 推送，也可以大大降低各种空的、无效的请求，降低服务端的压力。

8.2.3 代理、中间件、请求分发

8.2.2 小节提到了减少同后端的交互请求数可以在同样资源的前提下减轻服务端的负担，提升系统整体的性能。本节介绍另一个提升系统整体性能的方式：在后端与前端的中间做一个中间层（中间件）作为请求分发的服务总线。

服务总线其实可以理解成一条电话总线，例如 10086，我们每次拨打的都是 10086，但每次接听的客服人员都不同：其实作为中间层的服务总线，本身是不做任何事情的，尽管它自己不亲自做，但会指派一个人来为你服务。

当然，做中间层的前提是你的应用的用户量确实很高，并发量很大，一台机器承受不住，要多台集群部署工作。假如你的服务器只有一台，那根本没有必要。因为这个中间层只做一个请求分发，服务注册管理的作用只有一台，最终分发到的还是那台机器，与直接调用那台机器里的服务资源没有区别，甚至会因为加多了一层调用反而变得更慢。

中间层常见的一种实现方式是用 Nginx、Node.js 等中间层代理服务器。说到代理，对于前端来说，可能立马联想到跨域，代理里的反向代理是解决跨域的一种常见方式。

既然是中间层和请求分发，就会存在分配不均的可能，比如某一些服务器分到的请求数很多，有些又很少，所以此类中间层，如 Nginx、Node，还具备了另一个与之相辅相成的能力——负载均衡。它能将总体的负载均衡地分发到集群上的每一台服务器上，使他们相对公平地工作。

8.3 合理的数据结构

合理的数据结构，后端易查、易存储，前端易取、易展示，可以最大限度地避免各种额外的数据结构。转化数据格式，可以缩短前端的 JavaScript、后端线程运行的时长，提升应用的性能。

8.3.1 前端展示、后端处理的思维模式

前端主要负责展示，后端负责数据处理。JavaScript 是单线程的，而后端语言绝大多数都是多线程的。

可以假设两个场景，一个数据在后端处理，一个数据在前端处理。数据在后端处理时很简单，可以开一个线程处理，处理完再做一个返回。在这个过程中，可以继续用其他线程（它有很多线程）来做其他事。而数据在前端处理时，进程多数情况下是同步的，即 JavaScript 进程是被锁死的，只能等此处任务完成，才会继续执行其他任务。这显然不是

我们希望看到的。

这就是要以前端展示的思维模式处理数据的原因。数据的结构尽量与前端展示区域的数据结构一致，这部分数据无须再做转换或合并拆解。

多加了一层中间服务层后，数据源可能与需要展示的信息差异较大，在后端不同表间的关联查询、反查，以及再次反查确实很麻烦，而且也会降低后端性能，所以后端可能被当作某个单元服务去查询结果，再由这一层的服务合并、转化。

数据可以通过加多加一层服务中间层处理，也可以直接通过后端处理，前端只负责展示。

此时你可能会有疑惑，Vue、React 等框架不是推荐处理数据时以数据驱动视图吗？是，但它们所谓的处理数据，不是将 A 结构的数据转化成 B 结构的数据，而在于数据流同界面各个 DOM 元素节点之间的绑定，再利用他们本身的双向绑定机制，由数据流的动态改变反过来驱动界面视图的改变，无须通过各类选择器操作 DOM。这里并不是推荐采用 JavaScript 同步修改数据的结构。

8.3.2 数据结构宜简不宜繁

你可能见到过类似的数据，如图 8.7 所示。

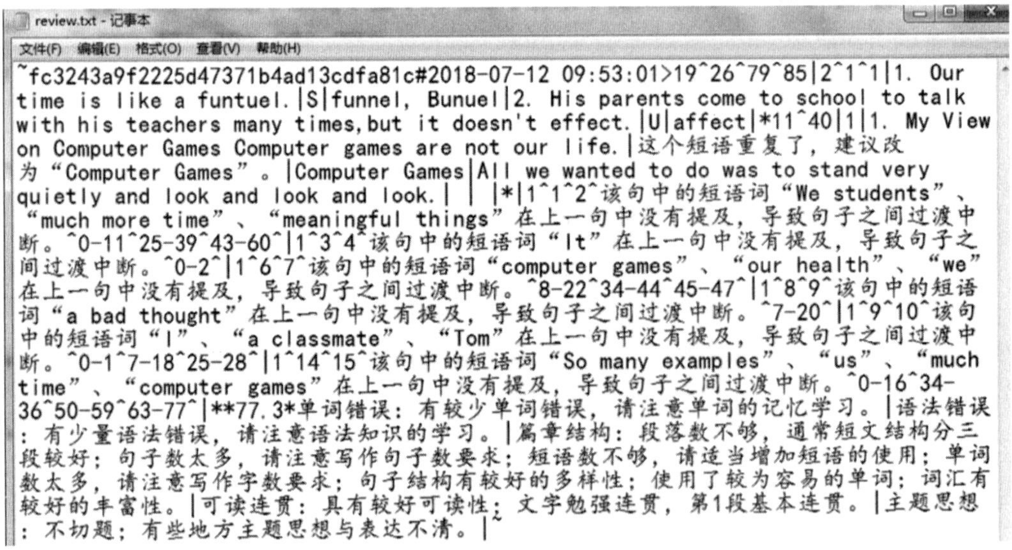

图 8.7　数据源

这个数据在数据库中非常简单，可能就是某个字段里存储的字符串值，后端直接选出这个字段的值就可以了。这种数据通常需要做很多额外的处理，很不方便。

现在数据的存储方式都是采用 JSON 轻量级的 key-value 数据格式，如图 8.8 所示，清晰且取值时非常简单。

```
{
    "data": [{
        "name": "dorsey",
        "age": 25,
        "sex": "男"
    },
    {
        "name": "sen",
        "age": 25,
        "sex": "女"
    },
    {
        "name": "xiaoming",
        "age": 24,
        "sex": "男"
    },
    {
        "name": "xiaohong",
        "age": 24,
        "sex": "女"
    }
    ]}
```

图 8.8　JSON 格式的数据

即使是 JSON 格式的数据，也不建议用很深的层级，因为读取数据时，通常是通过遍历访问 key 的形式访问数据。当层级过深时，只能一级一级往下访问，直到找到目标数据，这会在一定程度上影响数据读取的速度。

8.3.3　采用轻量级数据交换格式

轻量级的数据可以减少系统对数据传输和解析所做的烦琐处理，减少这部分的时长，提升系统的性能。

数据交换格式其实不少，前面提到的 JSON 就是经常用到的一种数据格式。目前，轻量级的数据交换格式有 JSON、XML、YAML 等，常见的是 JSON 和 XML。YAML 格式的文件兼容性不是很好，几乎只适合做配置文件，YAML 文件的格式如图 8.9 所示。

```
persons:
person:
  -
    name: "dorsey",
    age: 25,
    sex: "男"
  -
    name: "sen",
    age: 25,
    sex: "女"
  -
    name: "xiaoming",
    age: 24,
    sex: "男"
  -
    name: "xiaohong",
    age: 24,
    sex: "女"
```

图 8.9　YAML 文件

XML 文件同样也只适合作为配置文件，如图 8.10 所示。

```
<?xml version="1.0" encoding="UTF-8" ?>
<persons>
    <person>
        <name>dorsey</name>
        <age>25</age>
        <sex>男</sex>
    </person>
    <person>
        <name>sen</name>
        <age>25</age>
        <sex>女</sex>
    </person>
    <person>
        <name>xiaoming</name>
        <age>24</age>
        <sex>男</sex>
    </person>
    <person>
        <name>xiaohua</name>
        <age>24</age>
        <sex>女</sex>
    </person>
</persons>
```

图 8.10　XML 文件

对于前端来说，轻量级的数据交换格式中，可能只有 JSON 比较常用。JSON 是 JavaScript Object Notation 的缩写，实际上就是 JavaScript 的对象符号。不得不说，JSON 格式数据的出现，对于习惯了 key-value 的我们来说是福音。

8.3.4　前后端联调对接的那些事

前后端联调是开发过程中的必备流程。现在可能还有一些前后端一起开发，甚至前后端都是同一个人开发的情况，但更多的是前后端分离，不相互阻塞，前后端同步进行工作。

前后端联调是前后端分离后的必然产物。前后端分离需要前后端足够的低耦合、低干扰，并且步伐一致。也就是说，前后端分离要做到最大限度的互不干扰，不会出现类似于前端等后端接口，后端等前端页面的情况。前端跟后端应事先约定好固定的数据结构，再通过 Mock 等模拟数据完成渲染，同时后端通过 Postman、ApiPost 等去模拟前端请求，这样能最大限度地做到前后端不相互阻塞且同步开发工作。

当前后端各自完成单元测试后还需要做一件事，即组装、合龙。一座大桥在建设的时候实际是两端开工，最后需要合龙。让桥成为整体的最重要的一步，在软件开发中，我们叫作前后端联调。

此时，后台要做的是提供接口，写接口文档。可能有些读者不大明白接口是什么，其实，接口理解起来很简单，下面简单分析一下。

用户单击某个按钮，发送请求访问服务器时，实际上是访问服务器上的资源或计算处理服务，但服务器本质上也是一台计算机，它有内存硬盘 CPU，而用户要的那些资源对于计算机来说就是放在硬盘，放在文件夹中。服务器也是放在文件夹中，不过这个文件夹比较特殊，是个数据库。在这个过程中，首先由系统后台去数据库读取数据，然后接收数据，最后用浏览器来渲染。而数据就是从接口处接收。接口文档只是前后台约定好的接收方式，前端把页面写好后，根据接口文档的规则，用字段调取接口数据，从而在真正意义上实现动态数据交互。

在对接的时候需要注意一些问题，比如不通过前端 JavaScript 来处理复杂的数据结构，因为 JavaScript 只有一个线程，处理不好时会对页面性能产生较大影响。

有些数据库表的数据跟最终展示的数据差异较大，而后台又不愿意做反查和关联查询，把问题抛给前端处理。这时候尽管处理方式并非绝对，但最好还是反驳回去，问题交由后台处理。如果系统架构中多了一层中间层，如 node 层，则可以在中间层处理问题，中间层适合做数据结、构风格统一化、前端表单校验等。

8.4　有趣的异步

JavaScript 的异步编程无所不在，异步机制使 JavaScript 的性能得到前所未有的提升。本节就来谈一谈什么是异步。本节讲解不局限于 JavaScript 本身，这里跳出语言的束缚，把目光投向更广阔的应用。

8.4.1　异步机制

生活中，其实异步的现象或机制随处可见。比如你在做饭的时候，你可能同时在切菜、洗菜或拌佐料，而不是等到饭熟了，才开始做其他的事。这就是异步机制。简单地说，就是下一个操作不会等到上一个操作完成之后才开始，这样就可以大大提升工作的效率。

在程序中，传统的方式是执行一段一段的过程，这个过程做完之后下一个过程才开始做，当某一段过程堵塞或执行异常时，后续的工作都没办法继续完成。这种工作方式叫同步。

异步的方式完全不同，执行某段程序时，主线程不会管该程序具体的完成过程，只需要有个返回结果。当主线程将这个任务分配出去后，程序会开辟一小块内存来做事，事情做完后，将结果返回到主线程。这个过程中，主线程还会继续分派任务，分配到异步队列中。某一个任务执行中出现异常时，只是影响了返回的结果，不会影响主线程（即其他异步任务）的工作。

这种将整段程序分成一个个的小任务片段同时去执行的方法效率极高，只不过主线程需要做好各个异步任务返回结果的收集工作。

JavaScript 运用了生活中常见的异步思想，通过将程序分解成一个个的小任务，用一个异步队列注册并管理，主线程只负责分配任务即可。当主线程空闲时，异步队列里的任务会去各自开辟的小内存空间里做完事情，再将结果汇报到主线程。这样程序的执行效率会大大提升。

假如某个任务的完成需要用到另一个任务的返回结果时该怎么办？此时可以通过 JavaScript 回调函数来解决这个问题。由于 JavaScript 这门语言的最大特点是函数（Function）可以作为参数，传递给另一个函数，比如：

```
<!DOCTYPE html>
<html lang="en">
<head>
    <meta charset="UTF-8">
    <meta name="viewport" content="width=device-width, initial-scale=1.0">
    <meta http-equiv="X-UA-Compatible" content="ie=edge">
    <title>有趣的异步加载</title>
</head>
<body>
    <script>
        // 比如现在 helloWorld 需要用到 dorsey 执行完的返回的某个结果，比如说：paramA
        function dorsey (callBack) {
            let paramA = '100'
            callBack(paramA);
        }
        function helloWorld (paramA) {
            console.log('hello world');
            console.log('paramA 是由 dorsey 返回出来的结果，它的值是 ' + paramA);
        }
        dorsey(helloWorld);
    </script>
</body>
</html>
```

函数 helloWorld 可以作为 dorsey 的回调函数，在 dorsey 执行到某处时开始执行。尽管函数 helloWorld 与函数 dorsey 都是各自做各自的事情，但前者还是可以获取后者的返回结果，其中的关键就是回调函数。Ajax 就是最经典的回调函数，比如它的 success 回调、error 回调等。

这里尝试对比一下异步加载与同步加载在性能上的巨大差异。测试案例如下：

```
<!DOCTYPE html>
```

```html
<html lang="en">
<head>
    <meta charset="UTF-8">
    <meta name="viewport" content="width=device-width, initial-scale=1.0">
    <meta http-equiv="X-UA-Compatible" content="ie=edge">
    <title>Document</title>
</head>
<body>
    <button></button>
    <script src='jquery.min.js'></script>
    <script>

        // 同步的函数
        function getDate_sync () {
            $.ajax({
                url: './8.4.json',
                async: false, // 设置为 false 是同步
                success: function () {
                    console.log(' 数据加载成功 ');
                }
            });
        }
        //   异步的函数
        function getData_async () {
            $.ajax({
                url: './8.4.json',
                async: true, // 设置为 true 就是异步
                success: function () {
                    console.log(' 数据加载成功 ');
                }
            });
        }
        // 为了做简化，这里采用多次请求数据的方式
        var oldTime = new Date().getTime();
        for(var i = 0; i < 10; i ++) {
            getDate_sync();
        }
        console.log(' 同步所花时间为: ' + (new Date().getTime() - oldTime) + 'ms\n');

        oldTime = new Date().getTime();
        for(var i = 0; i < 10; i ++) {
            getData_async();
        }
        console.log(' 异步所花时间为: ' + (new Date().getTime() - oldTime) + 'ms\n');
    </script>
```

```
</body>
</html>
```

　　运行完毕，查看控制栏打印的时间日志可以发现，同步所花的时间远比异步的时间久，如图 8.11 所示。

图 8.11　同步与异步所花时间

　　先看一下 NetWork 的请求，可以看到同步的结果如图 8.12 所示，后一个请求只有当下同步请求完成后才会开始，极大地降低了系统的性能。

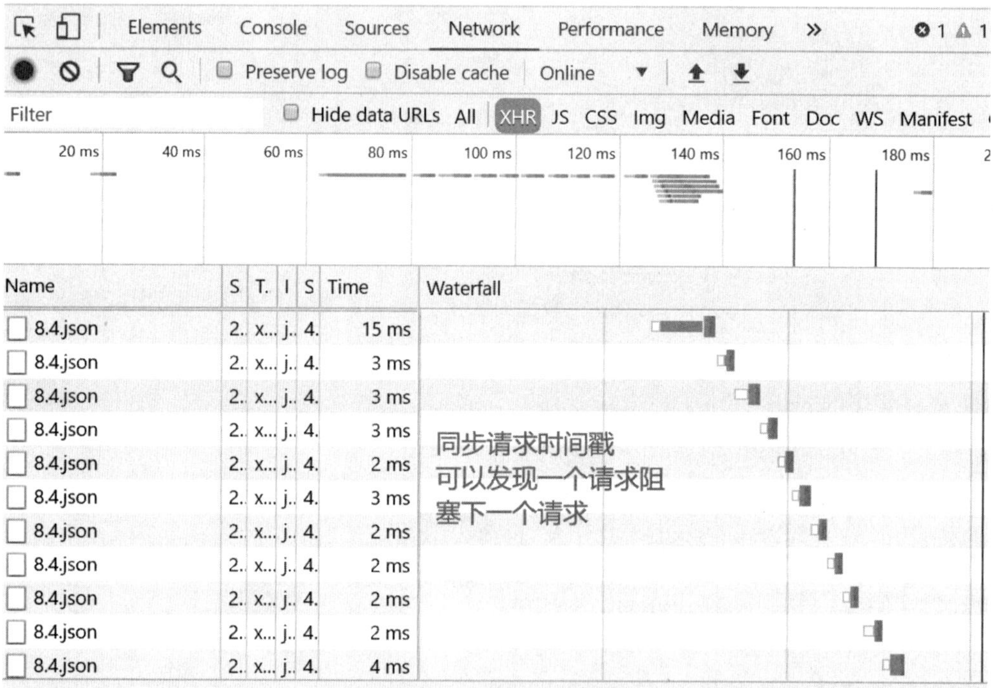

图 8.12　同步请求的时间戳

　　再来看一下异步的请求，如图 8.13 所示。你可以看到，同时出发并一直保持的请求有 6 条，直到所有的请求都响应完毕。这种同时开工的异步机制比 A 等 B、B 等 C 的机制效率高很多。

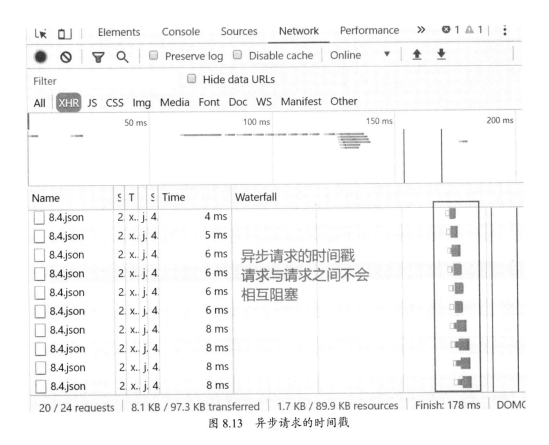

图 8.13 异步请求的时间戳

8.4.2 Promise、async/await

学习了上面的回调函数，此时又有一个问题，假如 B 函数需要调 A 函数的返回值，C 函数又需要调 B 函数的返回值，后续的 D 函数、E 函数也需要调用返回值，此时你就会形成一层层的 callBack，一层层的回调相互嵌套，最终掉入回调循环。这会带来什么影响呢？

当我们看到某一行代码时，可能会下意识地认为上一行的代码会先于下一行执行。在 JavaScript 中不是这样的，因为代码中有回调函数。可能会出现这个回调写在了某一处，而回调的另一个函数又写在其他处，这样就很难一眼看到正确的结果。特别是如果当测试环境出现问题，单凭肉眼看代码的话，很难看出问题，例如：

```
$('button').on('click', function () {
    $.ajax({
        url: './8.4.json',
        success: function (resp) {
            console.log(resp.config);
            $.ajax({
```

```
                url: '/serve',
                success: function (resp) {
                    console.log(resp);
                    //  ... 甚至一直嵌套下去
                }
            });
        }
    });
});
```

虽然说异步编程非常好，但这种回调嵌套并不能直观地通过肉眼看出效果。Promise
和 async/await 可以使程序看起来更加直观。先看一段 Promise 的代码：

```
const getJson = new Promise((resolve, reject) => {
    $.ajax({
        url: './8.4.json',
        async: false,
        success: resp => resolve(resp),
        error: err => reject(err)
    });
});
getJson.then(content => {
    var res = content;
    console.log('待会将 content 赋值给 res，返回 res');
    console.log(res);
    return res;
}).then(res => {
    var data = res;
    console.log('接下来将 res 赋值给 data，返回 data');
    console.log(data);
    return data
}).then(data => {
    console.log('接下来将 data 打印出来');
    console.log(data);
}).catch(err => {
    console.warn(err);
});
```

再看一下输出结果，如图 8.14 所示。

Promise 顾名思义就是先给出一个承诺，然后再做什么……从代码上看，就可以直观
地看出如何一步步完成目的。

async/await 是基于 Promise 的一种改良，注意这里是基于 Promise，也就是 async/
await 返回的还是一个 Promise 对象。之所以用 async/await，是因为 Promise 有时候还是没
那么直观、明朗，而且抛出错误时也比较难分析。

> 待会将content赋值给res, 返回res
> ▸ *{config: {...}}*
> 接下来将res赋值给data, 返回data
> ▸ *{config: {...}}*
> 接下来将data打印出来
> ▸ *{config: {...}}*
> ❯

图 8.14　Promise 输出结果

```
const getJson = new Promise((resolve, reject) => {
    $.ajax({
        url: './8.4.json',
        async: false,
        success: resp => resolve(resp),
        error: err => reject(err)
    });
});
const asyncPro = async (url) => {
    try {
        let data = await getJson;
        console.log('=============async/await====================')
        console.log(data);
    }catch (err){
        console.log(err);
    }
}
asyncPro();
```

　　这样的异步代码是不是很像同步代码中的 try-catch？这种相似性对于服务端开发，如 node 开发者很友好，因为开发者可以像写同步代码一样写异步代码。

8.5　充分利用硬件 GPU 加速

　　其实性能的提升需要利用一切可以利用的资源，软件本身优化的瓶颈出现时，不妨从其他方面着手，比如硬件、未曾被充分开发和利用的显卡等。

8.5.1 GPU 图形处理加速

前面在讲 CSS 时提到过 GPU 图形处理加速的内容，比如滤镜、tramsform 等。合理利用硬件层级的资源可以让系统更加顺畅，让用户体验更好。

什么是 GPU 图形加速？哪些操作会触发 GPU 图形加速？这些都是值得我们思考的问题，本小节一起来了解一下。

GPU 可以简单地理解为我们常说的显卡。我们在买计算机的时候，经常说最低配置起码要有独立显卡。好的显卡实际上非常贵，它到底有什么作用呢？

最初的计算机是没有图形化界面的，而一块计算机 LCD 屏上有很多像素级大小的点，最终的图案都是由这些点组成的，这涉及巨量计算。假如将这些计算都交给 CPU，CPU 的算力负荷会非常高。有了显卡后，CPU 会将图形指令分派给显卡，由专业的显卡来完成这部分计算。显卡本身还可以针对图形化界面做进一步的算法优化，而 CPU 可以完成更重要的系统调度，这就是显卡（GPU）承担的作用。

CSS3 的变换属性会触发 GPU 加速，主要内容如下。

- translate：有 translateX、translateY、translate3d 等，主要是用于处理图像的平移。
- rotate：同样也有 x、y、z 轴的旋转，主要用来处理图像的旋转。
- scale：主要用于处理图像的缩放。
- opacity：用于改变图像的透明度。
- filter：滤镜。

上述的几大效果都会触发浏览器的 GPU 加速机制。在做动画时，尽量通过 CSS3 的 transform: translate/scale/rotate 代替传统的定时器轮询，用改变 top/left/width/height 值的方式来完成动画的渲染。这样既可以做出更加顺畅优美的动画，也不会对 JavaScript 性能产生过大的影响。

下面通过一个综合的小动画应用来测试一下这些动画变换属性时会触发怎样的 GPU 加速。

首先关闭计算机上其他比较耗费显卡性能的应用，比如 Photoshop、Illustrator 或大型游戏，避免测试过程中因为这些软件产生显卡波动。

然后看一下任务管理器的性能面板，可以看到此时的 GPU 资源占用如图 8.15 所示。当然此为集成显卡，不需要用到独立显卡。

这个案例为了测试效果明显，相应的 CSS3 控制动画会较多。如下方代码，读者可自行测试，以下分为两部分代码。

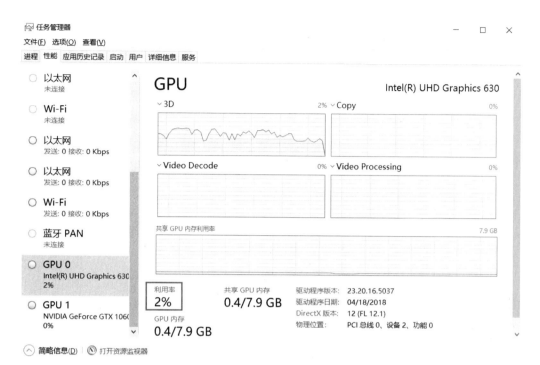

图 8.15　GPU 资源占用

HTML 部分：

```html
<!DOCTYPE html>
<html lang="en">

<head>
    <meta charset="UTF-8">
    <meta name="viewport" content="width=device-width, initial-scale=1.0">
    <meta http-equiv="X-UA-Compatible" content="ie=edge">
<title>GPU 动画测试 </title>
<link rel="stylesheet" href="./8.5.css">
</head>
<body style="overflow: hidden">
    <div class='square'>
        <div class="world">
            <div class="cube" tabindex="0">
                <div class="cube-front"> 天网 </div>
                <div class="cube-back">恢恢 </div>
                <div class="cube-left"></div>
                <div class="cube-right"></div>
                <div class="cube-top"> 疏而 </div>
                <div class="cube-bottom">不漏 </div>
            </div>
        </div>
```

```
    </div>
    <div class='container'>
        <div class="background">
            <div class="side"></div>
            <div class="side"></div>
            <div class="side"></div>
            <div class="side"></div>
            <div class="side"></div>
            <div class="side"></div>
            <div class="side"></div>
            <div class="side"></div>
            <div class="side"></div>
            <div class="side"></div>
            <div class="side"></div>
            <div class="side"></div>
            <div class="side"></div>
            <div class="side"></div>
            <div class="side"></div>
        </div>
        <div class="background">
            <div class="side"></div>
            <div class="side"></div>
            <div class="side"></div>
            <div class="side"></div>
            <div class="side"></div>
            <div class="side"></div>
            <div class="side"></div>
            <div class="side"></div>
            <div class="side"></div>
            <div class="side"></div>
            <div class="side"></div>
            <div class="side"></div>
            <div class="side"></div>
            <div class="side"></div>
            <div class="side"></div>
        </div>
    </div>
</body>
</html>
```

CSS 代码部分做了压缩：

```
.square{margin:0;overflow:hidden;position:absolute;z-index:100;width:100vw;height:
100vh;background:0
0;display:flex;flex-wrap:wrap;justify-content:center;align-items:center}.
```

```
square .world{perspective:800px;width:100vh;height:100vh;display:flex;flex-
wrap:wrap;justify-content:center;align-items:center}.square .cube{transform-
style:preserve-3d;backface-visibility:hidden;width:18vh;height:18vh;position:
relative;animation:rotator    4.5s    linear infinite;outline:0}.square  .cube
*{background-color:rgba(14,37,51,.2);box-shadow:0    0      10vh   currentColor;
transition:background .4s      ease-in-out,box-shadow .4s     ease-in-out}.square
.cube:hover   *{box-shadow:0 0      40vh    currentColor}.cube-back,.cube-
bottom,.cube-front,.cube-left,.cube-right,.cube-top{text-align:center;font:40px
KaiTi;font-weight:600;line-height:18vh}.square       .cube .cube-front{color:#6c
8183;transform:translateZ(9vh);position:absolute;top:0;left:0;width:100%;heig
ht:100%}.square      .cube .cube-right{color:#bed8cf;transform:rotateY(90deg)
translateZ(9vh);position:absolute;top:0;left:0;width:100%;height:100%}.square
.cube .cube-left{color:#bed8cf;transform:rotateY(270deg)
translateZ(9vh);position:absolute;top:0;left:0;width:100%;height:100%}.square
.cube .cube-back{color:#6c8183;position:absolute;top:0;left:0;width:100%;height:
100%;transform:rotateY(180deg)
translateZ(9vh)}.square .cube .cube-top{color:#6c8183;transform:rotateX(90deg)
translateZ(9vh);position:absolute;top:0;left:0;width:100%;height:100%}.square
.cube .cube-bottom{color:#6c8183;transform:rotateX(270deg)
translateZ(9vh);position:absolute;top:0;left:0;width:100%;height:100%}@keyframes
rotator{0%{transform:rotateX(0)       rotateY(0)}100%{transform:rotateX(360deg)
rotateY(360deg)}}body,div,li,p,ul{margin:0;padding:0}.container{background-
color:#030107;height:100vh;margin:0;overflow:hidden;perspective:5em}.
container::after{background-color:inherit;border-radius:50%;box-shadow:0   0
2em     2em     #030107;content:" " ;height:1em;left:50%;position:absolute;top:50%;
transform:translate(-50%,-50%);width:1em}.background{animation-iteration-
count:infinite;animation-name:tunnel;animation-timing-function:linear;left:50%;pos
ition:absolute;top:50%;transform-style:preserve-3d;transform:rotatex(90deg)
rotatey(0)      translatey(-25em)}.background:nth-child(1){animation-duration:8s}.
background:nth-child(2){animation-duration:4s}.side{background-image:url(star3.
png);background-size:32em
10em;filter:hue-rotate(-11.25deg);height:40em;position:absolute;transform-
origin:0;width:2em}.side:nth-child(1){background-position:-2em;transform:
rotatey(22.5deg)
translate3d(-50%,0,5em)}.side:nth-child(2){background-position:-4em;transform:rotatey(45deg)
translate3d(-50%,0,5em)}.side:nth-child(3){background-position:-6em;transform:rotatey(67.5deg)
translate3d(-50%,0,5em)}.side:nth-child(4){background-position:-8em;transform:
rotatey(90deg)
translate3d(-50%,0,5em)}.side:nth-child(5){background-position:-10em;transform:
rotatey(112.5deg)
translate3d(-50%,0,5em)}.side:nth-child(6){background-position:-12em;transform:
rotatey(135deg)
translate3d(-50%,0,5em)}.side:nth-child(7){background-position:-14em;transform:
rotatey(157.5deg)
translate3d(-50%,0,5em)}.side:nth-child(8){background-position:-16em;transform:
```

```
rotatey(180deg)
translate3d(-50%,0,5em)}.side:nth-child(9){background-position:-18em;transform:
rotatey(202.5deg)
translate3d(-50%,0,5em)}.side:nth-child(10){background-position:-20em;transform:
rotatey(225deg)
translate3d(-50%,0,5em)}.side:nth-child(11){background-position:-22em;transform:
rotatey(247.5deg)
translate3d(-50%,0,5em)}.side:nth-child(12){background-position:-24em;transform:
rotatey(270deg)
translate3d(-50%,0,5em)}.side:nth-child(13){background-position:-26em;transform:
rotatey(292.5deg)
translate3d(-50%,0,5em)}.side:nth-child(14){background-position:-28em;transform:
rotatey(315deg)
translate3d(-50%,0,5em)}.side:nth-child(15){background-position:-30em;transform:
rotatey(337.5deg)
translate3d(-50%,0,5em)}.side:nth-child(16){background-position:-32em;transform:
rotatey(360deg)
translate3d(-50%,0,5em)}.background:nth-child(2)        .side{opacity:.625}@keyframes
tunnel{100%{transform:rotatex(90deg) rotatey(360deg)translatey(-15em)}}
```

当然这个网页的动画效果非常好看，如图 8.16 所示。

图 8.16　网页动画

开这个网页和不开这个网页，可以通过此时 GPU 的资源占用来了解。如图 8.17 所示，可以看到此时的 GPU 利用率达到了 40%。这显然是我们希望看到的，因为显卡的利用率一直很低，这部分的资源要利用起来。

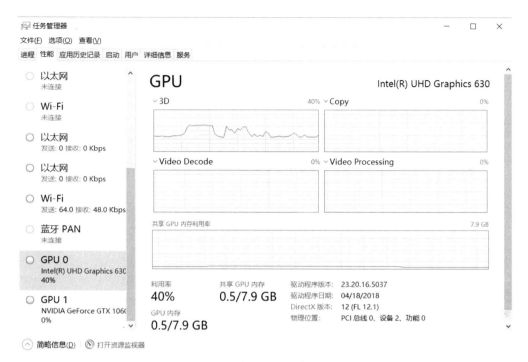

图 8.17　GPU 利用率达 40%，有效利用各方资源

8.5.2　合理利用 GPU 加速

在做各种前端动画实现时，充分利用 GPU 加速，可以使动画更为流畅，用户体验更好。利用 GPU 这种硬件层次的加速，我们永远不用担心会触及它的上限，因为在触及上限前，会先触及浏览器的上限。

GPU 加速并非是百利而无一害的。GPU 加速相当于我们玩游戏时开启了更高的特效级别，虽然能完成更多事情，动画渲染也更流畅，但硬件的功耗会更高。是否加速还需要根据实际应用所处的硬件环境决定，假如硬件环境仍不够强大，比如用一些较旧的手机，这时开启加速，无论是电池还是发热量都会比平时高，这时候就需要权衡好其中的利弊。

浏览器中的普通元素，比如一个只有普通 CSS 样式的较纯净的 \<div\> \</div\> 渲染所需的资源是非常低的，而对于 3D 透视变换（transform）、WebGL、Canvas、Flash、滤镜等类型的元素，浏览器实际上会创建一个复合层来完成此类特效的渲染。这个复合层所需的资源其实不算小，但相较于原有通过 JavaScript 将 DOM 结构做各类平移、变换完成渲染，利用复合层完成渲染反而提升了性能。并且因为触发了 GPU 加速，具备专业能力的显卡核心——GPU 运用到此类的图形化运算之中，这样可以大大减轻 CPU 的压力。

依上所述，我们可以得出耗费资源的程度从高到低依次为 JavaScript 操作 DOM> 复合层渲染 > 普通 DOM 结构渲染。

如果元素的 z 轴（z-index）较低且该元素在复合层上面渲染，那么该元素也会创建复合层。因为浏览器渲染出来的界面实际上就如 PhotoShop 画出的图一样，是层层叠加的，后画的会自动叠加到先画的上面。假如某个 z 轴层级非常低的元素写入了 transform，虽然这个元素被加速了，但比该元素层级高的所有兄弟元素都会自动创建复合层，而这些复合层其实我们是不需要的，这样不仅不会提升性能，反而大大降低了页面性能。这种情况下，可以通过改变这个元素的 z 轴，即设置一个较合理的 z-index 值（CSS 属性）来避免这种情况的发生。

第 **4** 篇 好用的前端
工具与新技术

第9章 前端调试

性能调优很重要的一步，就是要知道系统中哪部分占用的时间、内存或其他资源最多，这就涉及性能追踪、调试。考虑到目前大多数开发者采用的开发工具是谷歌浏览器（Chrome），本章的介绍会以谷歌浏览器为主。

本章将学习：

- Chrome 浏览器；
- 断点调试。

9.1 强大的 Chrome

当今有五大浏览器厂商：谷歌的 Chrome、火狐的 Firefox、微软的 IE、欧朋的 Opera 以及苹果的 Safari。360 浏览器、UC、猎豹、搜狗等，实际上是这五大浏览器的组合或某一浏览器的改版，比如 360 浏览器是 IE + Chrome 双内核。

下面重点介绍一下 Chrome 浏览器。

9.1.1 Chrome 浏览器

在众多的浏览器中，Chrome 的使用体验、开发者工具体验、浏览器插件生态社区，都是其他浏览器难以比拟的。

从使用体验上来看，原生的 Chrome 非常简单、干净，界面 UI 非常清爽。使用其他浏览器时经常有广告弹出，捆绑各种插件或软件，而 Chrome 基本看不到这样的情况。

对于开发人员来说，最关注的其实还是它的开发者工具体验。Chrome 的开发者工具无疑是现有浏览器中功能最强大、最人性化的。

Chrome 浏览器的界面，如图 9.1 所示。

相比于其他有一大堆密密麻麻导航链接的门户网站，这样的界面极其清爽、简单，看着舒服，用着流畅，搜索的信息是我们想要的，这些其实就是用户体验。

图 9.1　Chrome 浏览器的界面

Chrome 浏览器一个很强大的作用是右键菜单栏翻译，无论你访问的是什么网站，都会一键帮你翻译，简单快捷。

Chrome 浏览器还有一个非常强大的功能就是网页打印功能，可以直接将网页转化为 PDF，而且保存之后的文件各种链接、图片都是可用的，这些操作对于前端开发人员来说非常实用，比如，在写简历的时候，就可以通过代码写一个网页，再通过 Chrome 转成 PDF，比在 Word 中直接编辑，只能选择有限的效果跟样式效果好太多。即使不转成 PDF，发送到 OneNote，转成 Word 或 Txt 文件也是非常方便的。如图 9.2 所示，你可以有一个很直观的感受。

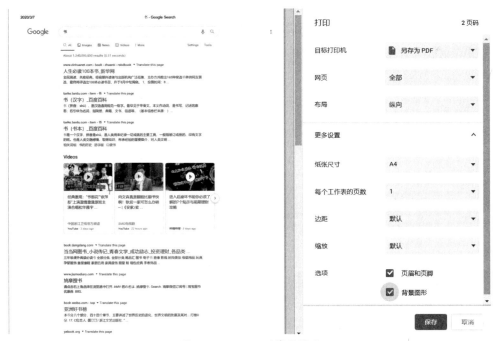

图 9.2　Chrome 浏览器界面

了解了 Chrome 浏览器的使用体验后，再来看下其插件社区。正如用户所说，不装 Chrome 浏览器的插件，你永远不知道它到底有多么的强大。

Chrome 浏览器的插件主要是拓展程序，它的文件形式后缀是 .crx，可能你在一些文件夹中看到过 .crx 文件，实际上那就是 Chrome 插件。在 Chrome 地址栏输入 chrome://extensions/，或者直接单击右上角的菜单按钮—更多工具—拓展程序，都可以调出拓展程序的界面，如图 9.3 所示。

图 9.3　Chrome 拓展程序

Chrome 浏览器在广告拦截方面设置了拓展程序，那就是 AdBlock。添加这个拓展程序的方式非常简单，直接在 Chrome 的应用商店搜索 AdBlock，如图 9.4 所示。

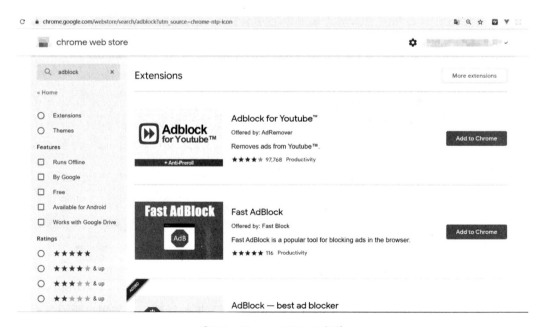

图 9.4　Chrome Adblock 插件

装好该插件后，在 Chrome 浏览器中搜索一下"前端开发"，结果如图 9.5 所示。

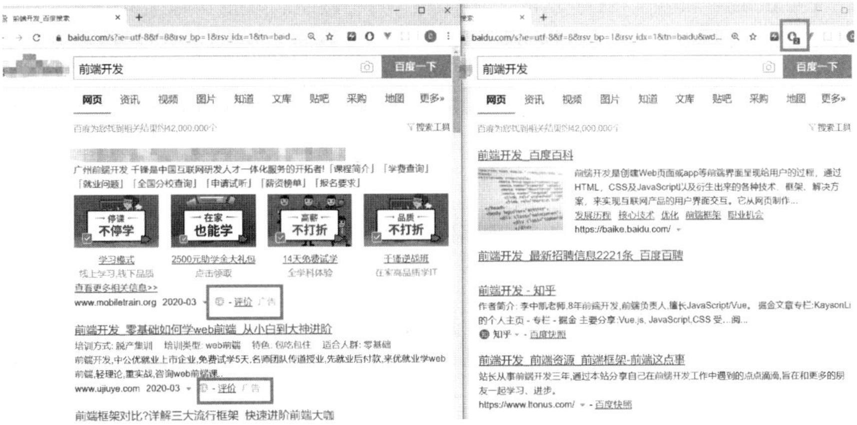

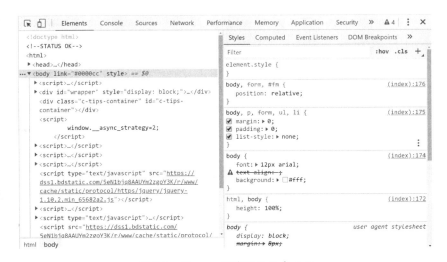

图 9.5 Chrome 拦截广告后搜索结果对比

只需要一个插件，就可以免于广告的烦恼。类似的插件还有很多，这里就以 AdBlock 做一个小引子，见微知著。而关于 Web 开发，这里介绍几个非常实用的 Chrome 浏览器插件，比如 Vue 开发者工具 Vue-Devtool、React 开发者工具 React Developer Tools，以及前后端联调用到的 JSON 数据格式化插件 JSON-handle、爬虫解析工具 XPath、FeHelper 前端助手插件等，读者可自行下载与体验。

9.1.2 Chrome 开发者工具

9.1.1 小节从用户体验方面、插件生态方面做了介绍，本节深入介绍开发者工具。

Chrome 浏览器的开发者工具的调出很简便，直接按 F12，或者单击右上角—更多工具—开发者工具，出现的界面大致如图 9.6 所示。

图 9.6 Chrome 浏览器开发者工具

Chrome 浏览器的功能点非常多，以一个面板一个模块的形式展现，它的各大面板如下。

（1）Elements：浏览器页面元素面板。每一个 HTML 页面实际上是由一个大的 DOM 树组成，这颗 DOM 树各个节点的属性、样式等节点信息都可以在这个面板中找到，通过这个面板，可以把握整个 HTML 界面的骨架、脉络、CSS 样式外观，以及调节 CSS 样式等。基本的操作如图 9.7 所示。

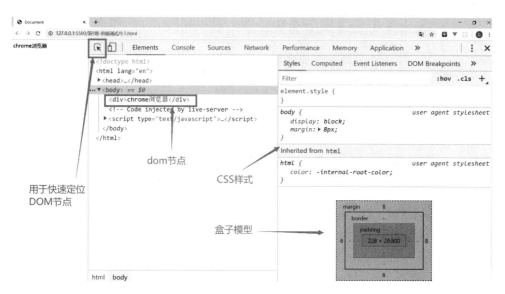

图 9.7　Elements 面板使用

（2）Console：浏览器的控制台面板。网站、应用输出的前端日志都会在这个面板中打印，各种报错的信息也都会在这个面板上抛出，各种逻辑代码小块是否正确也会在这个面板中测试。Console 面板是前端工程师们最常用到，也最重要的调试面板之一，Console 面板的使用如图 9.8 所示。

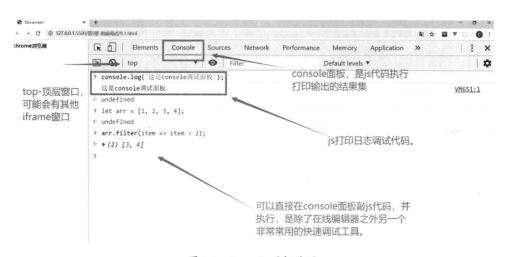

图 9.8　Console 面板使用

（3）Sources：浏览器的资源管理面板。一个 Web 应用其实就是由各种各样的资源组成，如 HTML、CSS、JavaScript、图片、多媒体等，而这些资源部署的位置，资源的内容都可以在这个面板中展现。Sources 资源管理面板可以说比 Console 控制台面板还重要，因为它是强大的前端调试——断点调试的平台，如图 9.9 所示。关于断点调试，我们将在下一节详细讲述。

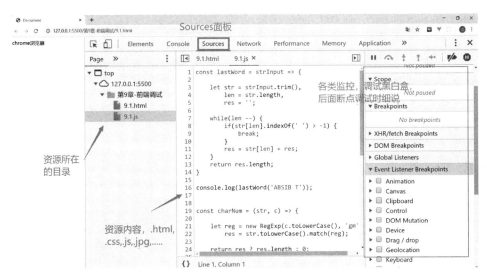

图 9.9　Sources 面板

（4）Performance：对浏览器各大性能的监控，比如浏览器完整的渲染过程。每一个过程所花的时间在这里都可以监控，并做成数据表，用扇形图、饼图的形式展现出来。其是前端性能优化、判断前端渲染各个流程耗时是否合理的一个重要依据，如图 9.10 所示。

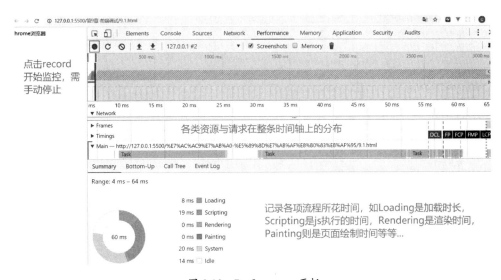

图 9.10　Performance 面板

（5）Network：浏览器网络面板。各种前后端对接的请求列表、请求详情、网页加载所需的各项资源，实际上都是一个请求，如请求缓存的资源、请求服务器的资源等，都会在这个面板中详细展出。其在前端调试、前后端联调中发挥着举足轻重的作用，如图 9.11 所示。

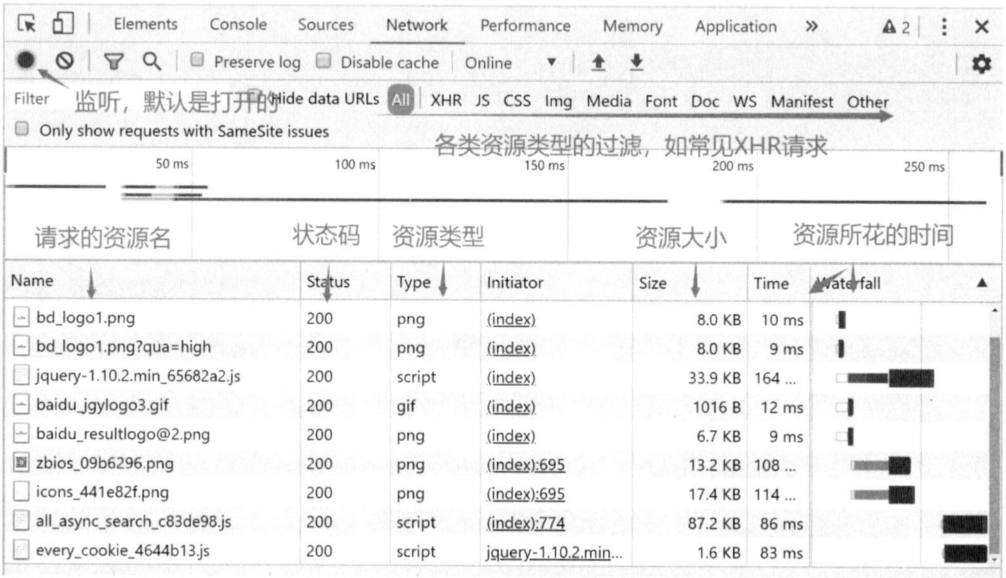

图 9.11　Network 面板

单击 Network 面板其中一个请求的详情，如图 9.12 所示。

图 9.12　Network 面板请求详情

（6）Application：浏览器的应用面板。这个面板也很强大，Cookie、SessionStorage、LocalStorage、IndexDB、缓存 Cache 等，都可以在这里看到。同时应用中所有用到的资源，如 CSS、JavaScript、Image 等，都会在这里分门别类地展现出来，如图 9.13 所示。

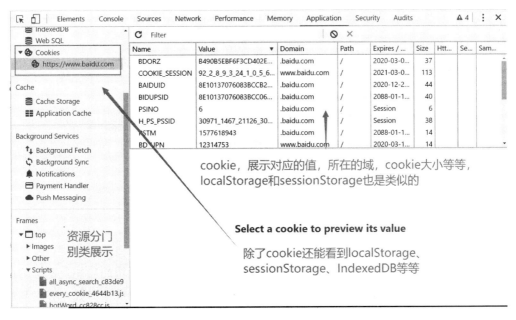

图 9.13　Application 面板

（7）Security：浏览器的网站安全性概览面板。通过该面板可以知晓该网站的数字证书信息，如颁发机构，证书有效期、序列号、密钥、采用的加密算法等，如图 9.14 所示。

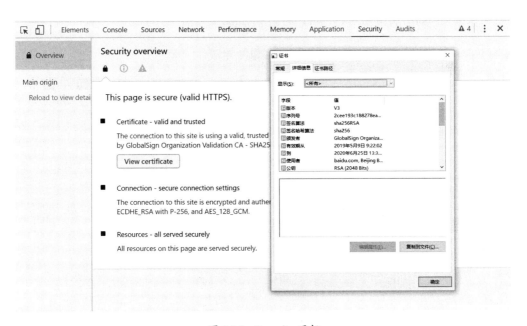

图 9.14　Security 面板

（8）Audits：识别影响站点性能、可访问性和用户体验的常见问题，并给出一些优化建议。比如，某个网页上引入的某个 CSS 文件实际上并未被使用，造成了资源过量加载，此时通过 Audits 检测，就可能列出这个 CSS 文件，如图 9.15 所示。

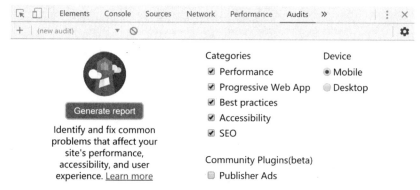

图 9.15　Audits 面板

Chrome 浏览器的开发者工具很强大，上述基本讲述了各大板块的功能及基本的使用，可以满足前端工程师从分析页面结构、把握页面脉络、调整页面样式、分析测试 JavaScript 执行情况、资源分布状况、分析网络请求、监控页面性能、查看页面各种信息、缓存等的诉求，使用起来也非常方便。

Chrome 浏览器的开发者工具还具备强大的可伸缩、可拓展的能力，可以配合 Chrome 的生态社区，拓展里面的功能，如拓展 React 的 React Developer Tools 或 Vue 的 Devtool 组件调试工具。如图 9.16 所示，你可以看到 Chrome 开发者工具多了一个 Vue 面板。

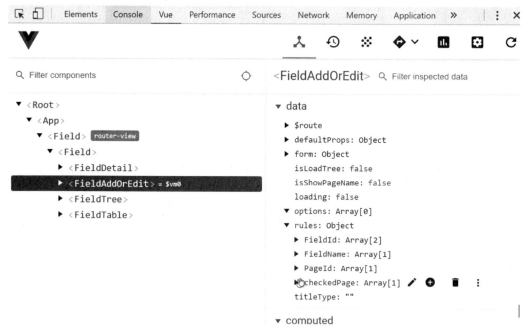

图 9.16　Vue-Devtool 面板

9.2 断点

本节主要介绍前端必备的技能——断点调试。断点调试就是将程序执行暂时性中断，并分析程序的执行状况。

实际上，程序在执行时，任何程序都是一个进程在跑，代码不断被执行。这个过程中各个参数的传递，实际上是数据流的不断传输。断点的作用是将不断传输的数据流拦腰截断，分析此时数据流是不是按照最初的设定走的。这与切断一根很粗的电线并分析里面的构造本质上是一样的。此时的分析是最仔细的，也最能把握程序整体的脉络。

9.2.1 console.log 日志打印

9.1 节在提到 Console 控制台的时候，就有提到通过 console.log（日志）来打印日志。这是起初入门时候的调试方式。这种方式看起来直观、明朗。例如，程序想要看哪里出了问题，可以直接在程序的那部分加 console.log，打印出几个关键变量的信息，以此协助分析程序。代码如下：

```html
<!DOCTYPE html>
<html lang="en">
<head>
    <meta charset="UTF-8">
    <meta name="viewport" content="width=device-width, initial-scale=1.0">
    <meta http-equiv="X-UA-Compatible" content="ie=edge">
    <title>断点调试</title>
</head>
<body>
    <script>
        const breakpointer = {
            init () {
                this.data = ' 你好啊 ';
            },
            processDetail () {
                let hello = this.data;
                // 要分析这里，最简单的就是在这里将一些关键信息通过 console.log 打印出来
                console.log(hello);
            },
            run () {
                this.init();
                this.processDetail();
            }
```

```
        }
        breakpointer.run();
    </script>
</body>
</html>
```

上面代码打印了 hello 这个变量，可以协助我们分析 data 的数据"你好啊"是否正确地传输给了 hello 这个变量。看看 Console 控制台的输出，如图 9.17 所示。

第9章-前端调试/html/9.2.html

图 9.17　打印 hello 变量的值

可以看到此时 hello 的值在数据流传输过程中并没有出现异常。

尽管 console.log 控制台打印的方式可以很方便地打印各个信息，但当 A 地方需要这个数据流的信息时，B 地方也要，甚至在 C、D、E、F 等地方也需要，那么就不得不重复输入 console.log（A 地方的关键变量）、console.log（B 地方的关键变量）。这种操作非常烦琐，而且日志信息通常只用于调试，在实际应用中是不需要的，后面的删除也会变得非常麻烦，这显然不是我们想要的结果。

通过 console.log 打印关键信息，分析程序执行还会产生另一个问题。这种分析是零散的，没有一种很直观的整体关联的感觉。这种分析还需要在源代码中插入 console.log 的代码，但应用一旦上线，就无法再植入代码了。所以，仅仅通过 console.log 打印日志，还不足以满足我们的要求。

9.2.2 强大的断点

上面讲了 console.log、console.warn 等通过打印控制台日志的方式进行调试的方法，虽说可行，但存在各种的限制，此时迫切需要一种既能快速完成 bug 定位，又无须嵌入代码的方法完成线上问题的快速定位与解决。这种方法就是断点调试。

断点调试一般在 Sources 面板，打开一个界面，在某一行程序上打一个断点，如图 9.18 所示。

断点设置后，不断单击下一步，可以详细了解当前程序所走的每一步，查看该程序是否按照最初的设定完成我们的走向。

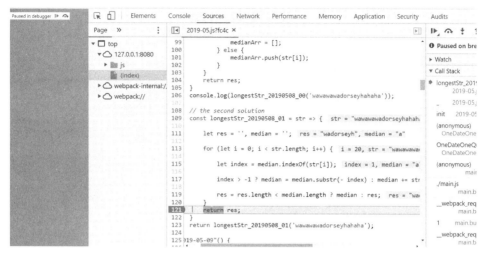

图 9.18 打印 hello 变量的值

通过很简单的几步操作，就可以查看当前程序执行的状况。如图 9.19 所示，左边按钮表示程序继续走下一步，右边的按钮表示从当前断点开始一步步向下执行。

图 9.19 断点调试按钮

9.2.3 打断点的方式

打断点的方式有多种，这里介绍两种最常用到的方式。

第一种是通过在对应位置输入 debugger 来断点，如图 9.20 所示。

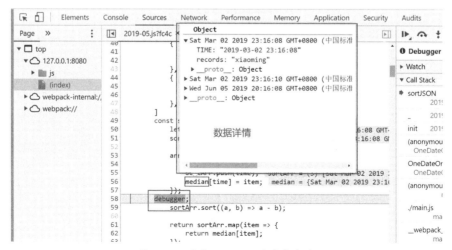

图 9.20 通过 debugger 方式打断点

第二种就是通过鼠标在对应行打断点的方式。这种方法的效果及后续的操作方式与 debugger 类似，而且更加方便、实用，毕竟直接在浏览器单击一下，要比回到源代码中输入 debugger 方便得多。

在所需的位置打上断点，当鼠标移到该位置时，会显示各个变量的详细情况，以及数据流传输到这里时变量对应的值。这比通过 console.log 一个一个地打印值简单方便得多，而且此时犹如庖丁解牛，程序的内部状况完全暴露在你眼中，这对于做前端调试是一个无往不利的神器。

第10章 常见的自动化构建工具

前端领域的一个很大的突破是工程化，这对于写惯了后端程序的人来说没什么，但对于前端来说是一种思想上的突破。这从现在的三大框架都搭配了各自的脚手架（cli）就可以看出。

在工程化过程中，项目打包和线上发布的过程很重要。这个过程的后端有 Tomcat 的 war 包和 Dockerfile，而前端工程化过程中，也少不了这样的过程，前端自动化构建工具和打包工具应运而生。

本章主要内容如下：

💧 常见的前端自动化构建工具；

💧 Grunt；

💧 Gulp；

💧 Webpack。

⑩.1 构建工具概述

前端的自动化构建工具其实不少，如 Grunt、Gulp、Fls3、Webpack 等，Fls3 较为小众，本章主要讲 Grunt、Gulp 和 Webpack。

将写好的前端代码发布上线时，需要做的事情有：为了性能考虑，此时可能需要做代码注释的去除；将代码进行压缩；将一些浏览器不能识别的资源如 Sass 或 Less，做转译（如通过 koala 做 compile）；压缩一些文件较大的资源，如图片；将多个图标合并成 CSS Sprite 等。

你可能需要手动去做这些重复、烦琐且无意义的工作，那能不能通过工具自动完成呢？答案是肯定的，这时候可以用 Grunt 和 Gulp 解决这些问题。

Grunt 和 Gulp 主要用来优化前端开发流程，是流程构建工具。具体的做法是将项目中一些文件进行编译、合并、压缩后，写入一个配置文件中，再通过配置文件自动完成任务。

Grunt 和 Gulp 的缺点是缺乏 JavaScript 模块化编程后的模块打包功能。尽管可以通过搭配 require.js 或 sea.js 来完成相应的模块化打包，但这毕竟不是它自身拥有的功能，用起来不是很方便。

Webpack 的定位与 Grunt 和 Gulp 不同，它是一个模块打包机（Model Bundler）。ES6 出来之后，前端更多的是模块化编程，而 Webpack 是在这样的背景下产生的一个模块化打包构建的解决方案。尽管如此，它同样有转译（搭配 babel 将 ES6 转化成 ES5）、压缩、合并等类似 Grunt 和 Gulp 的功能，所以在很多场景下可以替代 Grunt 和 Gulp。

10.2 Grunt

首先要介绍的前端自动化构建是 Grunt，大工程都是由很小的"积木块"组合而成，而 Grunt 可以将这些小的"积木块"做个性化打包，比如压缩、添加一些注释说明等。它拆分得很细，让我们在很方便地操作各个"积木块"的同时，又不会觉得它的配置过于烦琐。

10.2.1 Grunt 的环境搭建

Grunt 是一个前端流程构建工具，可以减轻劳动，简化工作。当我们在 Gruntfile 文件中正确配置了任务，任务运行器就会自动完成大部分无聊的工作。

Grunt 做的所有事情都是配置，通过配置来完成一切。无论是 ES6 资源的转译，还是压缩、合并等，都是通过写配置、设定某种策略来完成。把项目看成很零碎的"积木块"，使我们可以对各个"积木块"做各种精细化的 DIY，这是 Grunt 的优点。

Grunt 的安装过程很简单。值得注意的是，Grunt、Gulp 和 Webpack 都是基于 node 环境运行的，没有 node 环境，一切都是空谈。我们可以运行 node -v，查看本地是否有 node 环境，没有该环境的读者请自行安装，如图 10.1 所示。

图 10.1　node 环境

可以看到这，里 node 的版本是 10.14.1，接下来就开始安装 Grunt 工具。

安装 Grunt 前需要先全局安装 grunt-cli 工具。简单地说，就是提供一个命令，如 Grunt 提供了 grunt 命令，这个命令可以通过 npm 来安装，它的安装过程具体如下。笔者这里安装了 cnpm（一个淘宝镜像软件，安装后下载包的速度会更快），如果没有安装 cnpm 软件，则使用原生的 npm，如图 10.2 所示。

图 10.2　grunt-cli 工具安装

此时 grunt 命令在系统中生效了，直接在命令行输入 grunt，校验一下 grunt 命令是否能用，如图 10.3 所示。

图 10.3　grunt-cli 安装是否成功校验

可以看到 grunt 命令能用了。此时系统提示还没有安装项目级的 grunt 工具，接下来通过执行命令 cnpm/npm install grunt –save-dev 进行安装，其中 install 可以用 i 代替，--save-dev 可以用 -D 代替，如图 10.4 所示。

图 10.4　安装 Grunt

由于 Grunt 的所有配置都是写在一个 Gruntfile.js 文件中，Grunt 会自动读取该文件里面的配置，完成工程化构建，所以还需要创建一个 Gruntfile.js 文件。工程的目录结构如图 10.5 所示。

图 10.5　grunt 目录

至此，基本的 Grunt 构建环境跟基础的工程就搭建完了，接下来就是写配置文件、构建项目了。

10.2.2　Grunt 做前端构建

有了构建工具，就可以构建项目了。如果此时我们只是想压缩代码，那么可以通过 grunt-contrib-uglify 插件来完成。受篇幅所限，这里只做一个简单的自动压缩功能展示，后续的其他功能读者可以自行摸索。

在 10.1.1 构建的工程目录下，开始我们的项目构建。由于代码压缩是通过 uglify 插件来完成的，我们需要引入这个插件。

图 10.6　安装 uglify 插件

此时如果要测试是否压缩了 JavaScript 文件，那么需要创建一个 JavaScript 文件。笔者将创建的文件放在了 src 文件夹下，如图 10.7 所示。

图 10.7　安装 uglify 插件

接下来需要配置 Gruntfile.js 文件，告诉 Grunt，我们要对某个路径下的某个文件进行压缩。Gruntfile.js 文件的配置如下：

```
module.exports = function(grunt) {
    // Project configuration.
    grunt.initConfig({
        pkg: grunt.file.readJSON('package.json'),
        uglify: {
            options: {
                    banner: ' /*! package name: <%= pkg.name %> \n '    +
                            ' package version: <%= pkg.version %> \n '  +
                            ' <%= grunt.template.today( "yyyy-mm-dd" ) %> */ \n '
            },
            build: {
                src: 'src/dorsey.js',
                dest: 'build/dorsey.min.js'
            }
        }
    });
    // 加载包含 "uglify" 任务的插件。
    grunt.loadNpmTasks('grunt-contrib-uglify');

    // 默认被执行的任务列表。
    grunt.registerTask('default', ['uglify']);
};
```

在这里有必要将 Gruntfile.js 文件各个部分的配置说明一下。pkg 项是读取 package.json 文件，获取里面的依赖；uglify 项其实是 uglify 插件提供的，里面的 build 就是建筑、构建的意思；src 是源文件；dest 是打包后的文件。这里的源文件是 dorsey.js，并把要压缩成的文件命名为 dorsey.min.js，这样我们就做好了压缩所需的配置。

Gruntfile.js 中还有一个 options，它的作用是定义文件打包后附带输出的一些关键信息，可以是自定义，如项目名、项目版本、打包构建的日期等。

Grunt 的打包实际上是通过开启一个任务列表（Task）来完成的，即通过 grunt.

registerTask 注册各个需要执行的任务，并加载某个任务需要关联的插件或其他依赖，最终完成整个的打包构建流程。

用 dorsey.js 文件写一些内容，注意，这里是有一行注释的：

```
//  hello, this is a file for grunt test.
var dorsey = function () {
    console.log('hello, my name is dorsey');
    console.log( getType([1, 2, 3]) );
}

function getType(obj) {
    return Object.prototype.toString.call(obj).match(/(?<=\s).*?(?=\])/g)[0].
toLowerCase();
}
dorsey();
```

顺便看一看 package.json 文件：

```
{
  "name" : "grunt-test",
  "version" : "1.0",
  "devDependencies" : {
    "grunt" : "^1.0.4",
    "grunt-contrib-uglify" : "^4.0.1"
  }
}
```

package.json 文件其实就是整个项目所需依赖包的管理文件，devDependencies 翻译过来就是开发（dev）依赖项（Dependencies）。我们可以看到，上述项目的依赖有两个：一个就是 grunt；另一个就是 grunt-contrib-uglify（JavaScript 代码压缩插件）。

接下来执行 grunt 命令来完成项目构建，此时在这里我们只做了压缩，如图 10.8 所示。

图 10.8　执行 grunt 完成项目构建与打包

执行命令后会创建一个 build 文件跟 dorsey.min.js 文件，再来看一下 dorsey.js 跟 dorsey.min.js 两个文件的异同，如图 10.9 和图 10.10 所示。

```
> 第10章-常见自动化构建工具 > 10.1、Grunt > Grunt-test > src > JS dorsey.js > ⊘ getType
  //  hello, this is a file for grunt test.

  var dorsey = function () {

      console.log('hello, my name is dorsey');

      console.log( getType([1, 2, 3]) );
  }

  function getType(obj) {

      return Object.prototype.toString.call(obj).match(/(?<=\s).*?(?=\])/g)[0].toLowerCase
  }

  dorsey();                        压缩前
```

图 10.9 压缩前的 dorsey.js

```
> 第10章-常见自动化构建工具 > 10.1、Grunt > Grunt-test > build > JS dorsey.min.js > ...
  /*! package name: grunt-test
    package version: 1.0
    2019-12-27 */

  var dorsey=function(){console.log("hello, my name is dorsey"),console.log(ge
  Object.prototype.toString.call(o).match(/(?<=\s).*?(?=\])/g)[0].toLowerCase(
```

图 10.10 压缩后的 dorsey.min.js

通过对比可以看到，代码被压缩后，源代码的注释也被去掉了。至此，grunt 完整的打包构建流程就完成了。

⑩ 10.3 Gulp

构建工具除了 Grunt 之外，还有 Gulp。Gulp 是一个流式的工具，配置起来像写 Node.js 代码。

10.3.1 Gulp 环境搭建

Gulp 是基于 steam（流）的构建工具，使用的是 node.js 中的 stream 来读取和操作数据，其读取写入的速度理论上更快。Gulp 的使用基于 node.js 的 steam，所以其写法与 node 基本没太大的差别。

Gulp 与 Grunt 其实很像，或者说 Gulp 是 Grunt 的进化版。使用 Grunt 来构建时，你可能需要配置一大堆的配置项，而 Gulp 无须这样做，只需要通过几个 API，通过类似于 node.js 的 steam 写法就可以完成构建。

就像 Grunt 需要一个配置文件 Gruntfile.js 一样，Gulp 也有一个 gulpfile.js 文件，一些 IO 操作如 dest、src 也与 Grunt 的配置项有所不同，Gulp 是通过 gulp.src()、gulp.dest() 的方式来完成它的构建的。它的环境搭建与 Grunt 差别不大，基本的思路如下：

（1）装好所需的依赖，如 gulp；

（2）创建好构建的载体 gulpfile.js 文件，用于做自动化构建的设定；

（3）通过 gulp 命令查看环境是否搭建好。

与 Grunt 类似，Gulp 一样需要 node 环境依赖。这里不再赘述，此时先安装全局的 gulp 命令行，如图 10.11 所示。

图 10.11　全局安装 gulp

查看版本，可以看到 gulp 这条命令是可用的，再执行 cnpm/npm install gulp –save-dev 命令，安装 gulp 依赖，如图 10.12 所示。

图 10.12　安装项目 gulp 依赖

创建一个 gulpfile.js 文件，工程目录如图 10.13 所示。

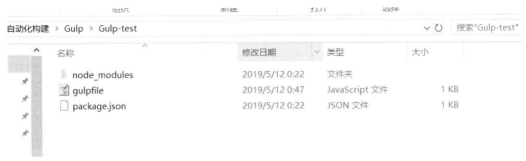

图 10.13　gulp 环境目录搭建

至此，Gulp 的构建环境就完成了，接下来只需要在 gulpfile.js 文件中写入构建设置就可以了。

10.3.2　简单实现一个 Gulp 的前端自动化构建

有了上述的构建环境，接下来需要在 gulpfile.js 文件中设置 IO、打包内容、打包方式等。这与写 node.js 没有什么区别，可以像写 JavaScript 一样写 gulpfile.js 流程构建文件。

看一下此时 gulpfile.js 文件的设定：

```javascript
var gulp = require('gulp');
var uglify = require('gulp-uglify');
gulp.task('scripts', () => {
  return gulp.src('src/*.js') // 匹配 'src/dorsey.js'
    .pipe(uglify())
    .pipe(gulp.dest( 'build' ));  // 压缩后的文件输出到 'build' 文件夹下
});
```

Gulp 是基于 steam（流式）的方式来读取编译文件的，所以与写 node.js 的方式很像，只需要了解 task、src、dest 及各个插件的 API，并将其不断地传入它的管道（pipe），就可以完成最终的构建。同样的，一起来做个实验，实验的对象仍然是未被压缩过的 dorsey.js 文件。

package.json 包管理文件存储依赖信息，内容如下：

```json
{
  "devDependencies": {
    "gulp": "^4.0.2",
    "gulp-uglify": "^3.0.2"
  }
}
```

完成构建设置后，接下来执行 gulp scripts，如图 10.14 所示。

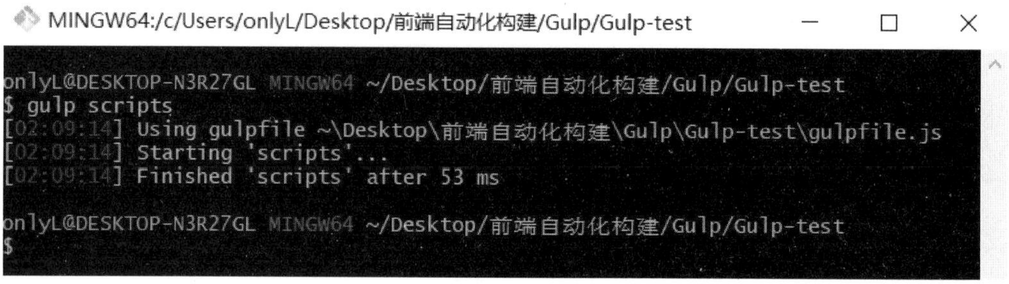
MINGW64:/c/Users/onlyL/Desktop/前端自动化构建/Gulp/Gulp-test
onlyL@DESKTOP-N3R27GL MINGW64 ~/Desktop/前端自动化构建/Gulp/Gulp-test
$ gulp scripts
[02:09:14] Using gulpfile ~\Desktop\前端自动化构建\Gulp\Gulp-test\gulpfile.js
[02:09:14] Starting 'scripts'...
[02:09:14] Finished 'scripts' after 53 ms
onlyL@DESKTOP-N3R27GL MINGW64 ~/Desktop/前端自动化构建/Gulp/Gulp-test
$

图 10.14　打包

注意，这里的命令之所以是 gulp scripts，是因为在 gulpfile.js 文件中创建的任务被命名为 scripts。假如任务名是默认的 default，则只需一句 gulp 即可（跟 Grunt 类似）。

此时查看压缩后的文件。Gulp 是通过 gulp-uglify 插件完成压缩功能的。从设置上可以看到，压缩后的文件会到 build 文件夹下，如图 10.15 所示。

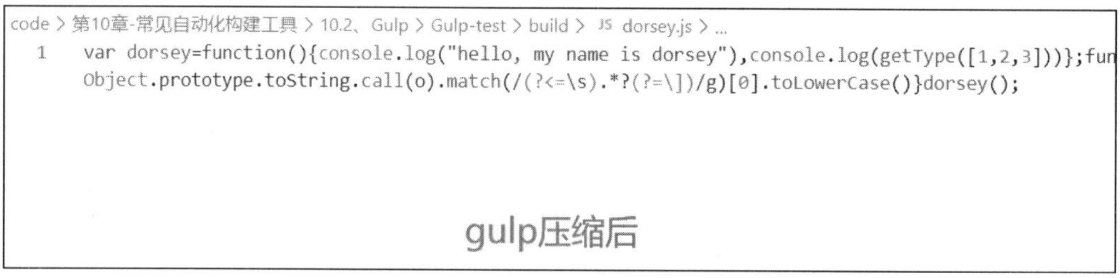
code > 第10章-常见自动化构建工具 > 10.2、Gulp > Gulp-test > build > JS dorsey.js > ...
1 var dorsey=function(){console.log("hello, my name is dorsey"),console.log(getType([1,2,3]))};fun
Object.prototype.toString.call(o).match(/(?<=\s).*?(?=\])/g)[0].toLowerCase()}dorsey();
gulp压缩后

图 10.15　Gulp 完成最终的构建

至此，就完成了 Gulp 一个完整的前端构建过程。

10.4 强大的 Webpack

本节介绍 Webpack、Webpack 的流行程度、Webpack 的环境搭建，以及自动化构建的配置。

10.4.1 Webpack 概述

Grunt 和 Gulp 定位于优化前端开发流程，将烦琐的删除注释、手动合并压缩代码的工作交给工具，而 Webpack 更偏向于模块化打包。Webpack 可以不用配合 require.js 或 sea.js，将 ES6 模块化的代码合并打包成一个 main.js。

Webpack 的功能也更加强大，它所有的打包构建方式同样基于 webpack.config.js 文件。这种配置简单、智能，基本都是通过寥寥几句正则或简单的几句配置，就能完成大部分的打包功能。

与 Grunt 烦琐的配置相比，Webpack 的配置更为简单。Gulp 的流式写法尽管对 node 开发者很友好，但对于不熟悉 steam 的前端开发者来说是比较难的。与 Gulp 相比，Webpack 这种将文件写成一个 JavaScript 对象的方法更容易上手。

在 Webpack 看来，所有文件都是模块，如 .html、.css、.js、.png/.jpeg、.vue 文件，这些模块是可以被合并、打包成一个 JavaScript 文件的，这是基于 Webpack 强大的 loader 设计。这样在 JavaScript 模块化的今天，Webpack 解决了 Grunt 和 Gulp 未解决的模块化打包问题，当然前两者定位也不在于此。

10.4.2 Webpack 的优势在哪

Webpack 在当今风靡全球，一个很大的原因是集众之所长。作为后发者，Webpack 具备强大的后发优势，它吸取借鉴了各位"前辈"的优点，在各个方面都很优秀。与前端自动构建工具的 Grunt 和 Gulp 相比，Webpack 只做了优化流程，它能将模块打包，并且将各种文件压缩、转化与合并。

Webpack 的优势有很多，这里列了以下几点。

- 模块打包机制 + 压缩转译合并为一体的构建平台。
- 强大且特有的 loader 机制使得 Webpack 可以打包各种文件类型的前端资源。当然，这种 loader 机制的实现还要通过插件，如 sass-loader、babel-loader 等。
- 人性化的配置方式，上手简单，查看起来也直观明了。
- 热更新：无须再手动刷新页面（Gulp 和 Grunt 也可以做到）。
- 模块热替换：对于一整个模块级的变动，仍然可以做到热重载。
- 智能的配置方式：可能仅仅是一句简单的正则，就能完成一片区域的打包功能，比 Grunt 烦琐、单一的配置强大很多。

这些其实在现有的其他实现方案上都有涉及，但要么可能需要搭配其他软件（Gulp + RequireJS），要么功能欠缺或使用体验不足。这些问题 Webpack 能都解决。

10.4.3 Webpack 构建一个简单的压缩打包页面

搭建一个工程构建环境，配置一个 webpack.config.js 文件，完成对所需文件的打包。这里稍微换一下需求，将 common.js、index.js、module.js 文件合并打包成一个文件，并植入 html 中，同时配上 hash 值等。同样的，还是先搭一个环境，只需要执行下面两句命令：

```
cnpm i webpack -D
cnpm i webpack-cli -D
```
如图 10.16 所示。

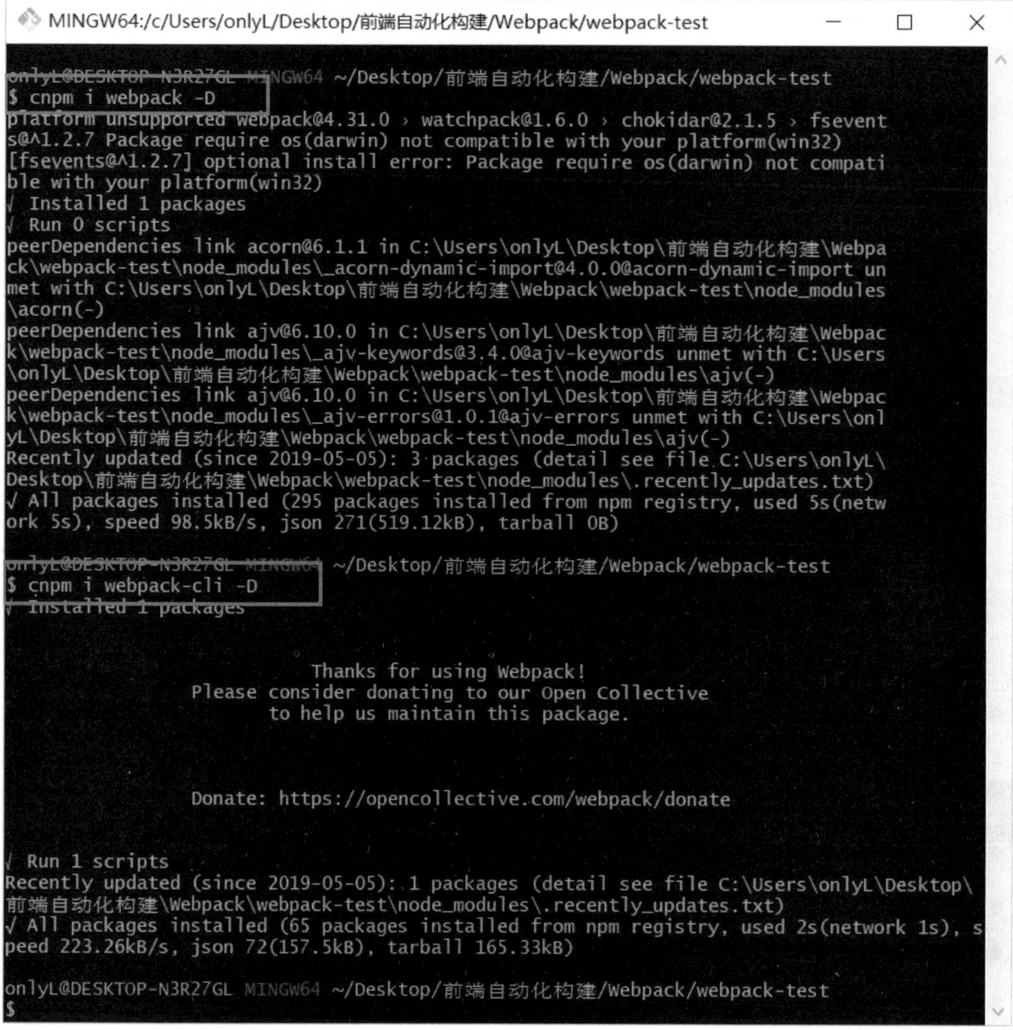

图 10.16　webpack 工程

再在文件根目录中创建一个 webpack.config.js 文件，构建环境基本就搭建完成了，接下来继续向 webpack.config.js 文件中写入配置文件。

先来做第一步，将 3 个文件合并压缩打包成一个文件。配置如下：

```
const path = require('path');
module.exports = {
    // mode: 'development',
    entry: ['./src/js/common.js', './src/js/index.js', './src/js/module.js'],
    output: {
        path: path.resolve(__dirname,'build/js'),
        filename: 'bundle.js'
    }
};
```

Webpack 的配置文件是通过 module.exports 封装的，里面的 entry 和 output 其实就是

IO，也就是打包的输入与输出，在里面设置对应的路径即可。mode 是用于查看输出的文件是否需要压缩，因为在开发环境下一般是不做压缩的，但在生成环境下会做压缩。

从下面的代码可以看到，此时的 package.json 文件中的依赖仅仅只有 Webpack 跟 webpack-cli。

```
{
  "scripts": {
    "build": "webpack"
  },
  "devDependencies": {
    "webpack": "^4.31.0",
    "webpack-cli": "^3.3.2"
  }
}
```

执行打包命令 webpack –config 'webpack.config.js'，执行配置脚本，如图 10.17 所示。

图 10.17　执行命令脚本

此时输出的文件如图 10.18 所示。

这时，如果想把这份打包后的 JavaScript 文件引入 HTML 页面中，需要我们引入 html-webpack-plugin 插件，该插件需要提前安装。

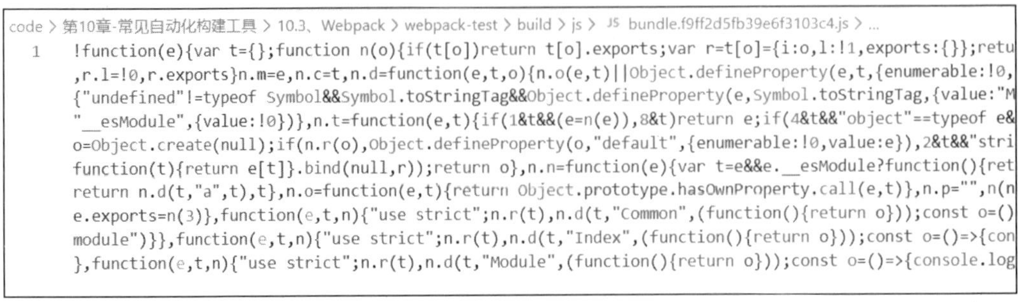
code > 第10章-常见自动化构建工具 > 10.3、Webpack > webpack-test > build > js > JS bundle.f9ff2d5fb39e6f3103c4.js > ...
!function(e){var t={};function n(o){if(t[o])return t[o].exports;var r=t[o]={i:o,l:!1,exports:{}};retu
,r.l=!0,r.exports}n.m=e,n.c=t,n.d=function(e,t,o){n.o(e,t)||Object.defineProperty(e,t,{enumerable:!0,
{"undefined"!=typeof Symbol&&Symbol.toStringTag&&Object.defineProperty(e,Symbol.toStringTag,{value:"M
"__esModule",{value:!0})},n.t=function(e,t){if(1&t&&(e=n(e)),8&t)return e;if(4&t&&"object"==typeof e&
o=Object.create(null);if(n.r(o),Object.defineProperty(o,"default",{enumerable:!0,value:e}),2&t&&"stri
function(t){return e[t]}.bind(null,r));return o},n.n=function(e){var t=e&&e.__esModule?function(){ret
return n.d(t,"a",t),t},n.o=function(e,t){return Object.prototype.hasOwnProperty.call(e,t)},n.p="",n(n
e.exports=n(3)},function(e,t,n){"use strict";n.r(t),n.d(t,"Common",(function(){return o}));const o=()
module")}},function(e,t,n){"use strict";n.r(t),n.d(t,"Index",(function(){return o}));const o=()=>{con
},function(e,t,n){"use strict";n.r(t),n.d(t,"Module",(function(){return o}));const o=()=>{console.log

图 10.18　压缩合并打包

执行 cnpm/npm install html-webpack-plugin -D 命令，如图 10.19 所示。

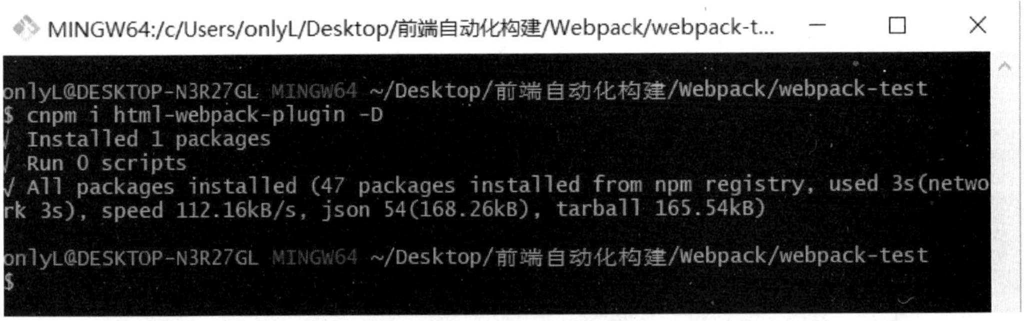
MINGW64:/c/Users/onlyL/Desktop/前端自动化构建/Webpack/webpack-t...
onlyL@DESKTOP-N3R27GL MINGW64 ~/Desktop/前端自动化构建/Webpack/webpack-test
$ cnpm i html-webpack-plugin -D
√ Installed 1 packages
√ Run 0 scripts
√ All packages installed (47 packages installed from npm registry, used 3s(netwo
rk 3s), speed 112.16kB/s, json 54(168.26kB), tarball 165.54kB)
onlyL@DESKTOP-N3R27GL MINGW64 ~/Desktop/前端自动化构建/Webpack/webpack-test
$

图 10.19　安装 html-webpack-plugin 插件

此时需要修改 webpack.config.js 文件的配置，内容如下：

```
const path = require('path');
const HtmlWebpackPlugin = require('html-webpack-plugin');
module.exports = {
    mode: 'development',
    entry: ['./src/js/common.js', './src/js/index.js', './src/js/module.js'],
    output: {
        path: path.resolve(__dirname,'build'),
        filename: 'js/bundle.[hash].js'
    },
    // module: {
    //     rules: [{
    //         test: /\.(js|jsx)$/,
    //         use: 'babel-loader'
    //     }]
    // },
    plugins: [
        new HtmlWebpackPlugin({
            title: 'webpack 打包测试',
            template: './src/index.html'
        })
```

```
    ]
};
```

同时需要在 src 文件夹中创建一份 index.html 模板，并将其作为源模块文件打包输出构建出来的 index.html。我们看一下这个模板 index.html 文件：

```html
<!DOCTYPE html>
<html lang="en">
<head>
    <meta charset="UTF-8">
    <meta name="viewport" content="width=device-width, initial-scale=1.0">
    <meta http-equiv="X-UA-Compatible" content="ie=edge">
    <title><%= htmlWebpackPlugin.options.title %></title>
</head>
<body>


</body>
</html>
```

html-webpack-plugin 插件有两个属性：title 和 template。title 通过模板 <%= html WebpackPlugin.options.title %> 的方式将 Webpack 配置里的 title 值传递过来，在 build 中生成的 index.html 文件就会自动接收 title 的值"webpack 打包测试"，如图 10.20 所示。

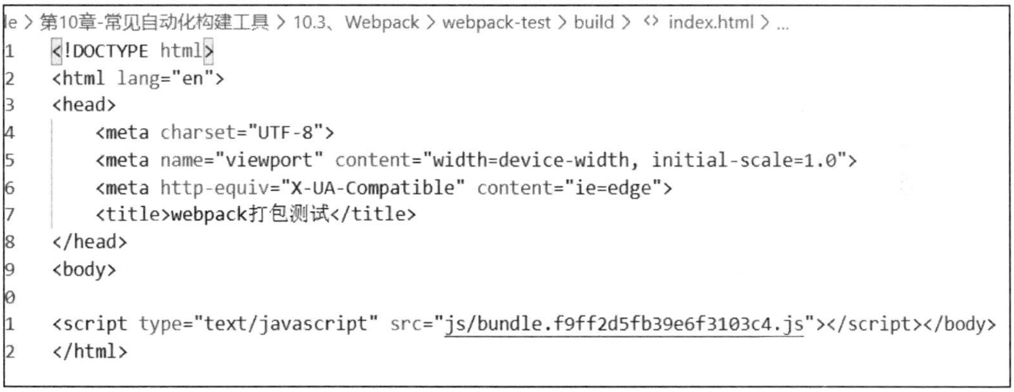

```
le > 第10章-常见自动化构建工具 > 10.3、Webpack > webpack-test > build > <> index.html > ...
1    <!DOCTYPE html>
2    <html lang="en">
3    <head>
4        <meta charset="UTF-8">
5        <meta name="viewport" content="width=device-width, initial-scale=1.0">
6        <meta http-equiv="X-UA-Compatible" content="ie=edge">
7        <title>webpack打包测试</title>
8    </head>
9    <body>
0
1    <script type="text/javascript" src="js/bundle.f9ff2d5fb39e6f3103c4.js"></script></body>
2    </html>
```

图 10.20　最终编译而成的 html

注意，此时都是通过 webpack –config 'webpack.config.js' 命令进行打包，一直输入一长串的命令特别烦琐，有没有一个比较好的方式来减少命令呢？

此时通过 package.json 里的 scripts 选项配一个 build，并输入所需的命令，如图 10.21 所示。

```
{
  "scripts": {
    "build": "webpack --config webpack.config.js"
  },
  "devDependencies": {
    "html-webpack-plugin": "^3.2.0",
    "webpack": "^4.31.0",
    "webpack-cli": "^3.3.2"
  }
}
```

图 10.21　配置方便的命令行

再通过图 10.22 的方式执行命令。

```
MINGW64:/c/Users/onlyL/Desktop/前端自动化构建/Webpack/webpack-t...

onlyL@DESKTOP-N3R27GL MINGW64 ~/Desktop/前端自动化构建/Webpack/webpack-test
$ webpack --config 'webpack.config.js'
Hash: 4cfcffed155f35b4b595
Version: webpack 4.31.0
Time: 289ms
Built at: 2019-05-12 05:06:02
                                   Asset       Size  Chunks             Chunk Names
                              index.html  357 bytes          [emitted]
js/bundle.4cfcffed155f35b4b595.js   5.77 KiB    main  [emitted]  main
Entrypoint main = js/bundle.4cfcffed155f35b4b595.js
[0] multi ./src/js/common.js ./src/js/index.js ./src/js/module.js 52 bytes {main
} [built]
[./src/js/common.js] 81 bytes {main} [built]
[./src/js/index.js] 79 bytes {main} [built]
[./src/js/module.js] 81 bytes {main} [built]
Child html-webpack-plugin for "index.html":
     1 asset
    Entrypoint undefined = index.html
    [./node_modules/_html-webpack-plugin@3.2.0@html-webpack-plugin/lib/loader.js
!./src/index.html] 570 bytes {0} [built]
    [./node_modules/_webpack@4.31.0@webpack/buildin/global.js] (webpack)/buildin
/global.js 472 bytes {0} [built]
    [./node_modules/_webpack@4.31.0@webpack/buildin/module.js] (webpack)/buildin
/module.js 497 bytes {0} [built]
        + 1 hidden module

onlyL@DESKTOP-N3R27GL MINGW64 ~/Desktop/前端自动化构建/Webpack/webpack-test
$ npm run build

> @ build C:\Users\onlyL\Desktop\前端自动化构建\Webpack\webpack-test
> webpack --config webpack.config.js

Hash: 4cfcffed155f35b4b595
Version: webpack 4.31.0
Time: 288ms
Built at: 2019-05-12 05:06:09
                                   Asset       Size  Chunks             Chunk Names
                              index.html  357 bytes          [emitted]
js/bundle.4cfcffed155f35b4b595.js   5.77 KiB    main  [emitted]  main
Entrypoint main = js/bundle.4cfcffed155f35b4b595.js
[0] multi ./src/js/common.js ./src/js/index.js ./src/js/module.js 52 bytes {main
} [built]
[./src/js/common.js] 81 bytes {main} [built]
[./src/js/index.js] 79 bytes {main} [built]
[./src/js/module.js] 81 bytes {main} [built]
Child html-webpack-plugin for "index.html":
     1 asset
    Entrypoint undefined = index.html
    [./node_modules/_html-webpack-plugin@3.2.0@html-webpack-plugin/lib/loader.js
!./src/index.html] 570 bytes {0} [built]
```

图 10.22　打包命令

此时会发现 npm run build 和 webpack –config 'webpack.config.js' 执行的结果是一样的，它们都进行了一个 Webpack 打包操作。

我们可以通过 Webpack 将整个项目进行打包，并输出到最终的页面，当要发布到线上的时候，就可以直接用编译好的 build 文件部署了。代码还可以做压缩、混淆，能更好地保护产品。

10.4.4　Webpack 的一些常用的配置

Webpack 的配置有很多，下面列一些常用的配置。

- entry：入口，即要打包什么文件，这些文件的路径。
- output：出口，即打包完的文件要放到哪里。
- mode：模式，打包给开发（development）或生产（production）用。
- plugins：插件入口。
- devServer：搭建本地服务器、代理，解决联调跨域等问题。
- module：加载各种各样的模块规则，如 loader 规则。
- publicPath：构建应用包时的基本 URL。
- externals: 将外部变量或模块加载进来，如 JQuery，但不将外部变量或模块编译进文件。与一些框架有关联，如 Vue。
- configureWebpack：可以合并 vue.config.js 里的设置到 Webpack 中去。
- chainWebpack：链式访问特定 loader，可以在 vue.config.js 文件中配置 vue-loader 等。

Webpack 的配置还有很多，学会了上面这些配置，对 Webpack 的日常使用基本是没有问题的。

第 **11** 章　新技术对性能的提升

IT 行业的知识、技能、思想日新月异，近几年又出现了哪些新的思想、哪些新的技术？这些思想和技术对于开发效率、性能、可维护性的提升又有多大作用？

本章将主要介绍以下内容：

- 即时通信；
- MVVM 框架；
- Vue 相关；
- 移动端相关。

11.1　即时通信

即时通信是如今最常见也是非常便捷的交流方式，比如微信、QQ、钉钉等。这些非常便捷的交流方式是如何实现的？传统的 HTTP 请求方式又存在哪些先天性不足？为了实现这种通信与交流的刚需，工程师们又做了何种应对？以上问题就是本节主要讲的内容。

11.1.1 传统的长短连接轮询

传统的长短连接轮询可以说是一种无奈之举，是一种由于 HTTP 无状态协议的机制不得已而为之的策略。

HTTP 协议是无状态协议，每次请求完毕后都会关闭连接，当新的连接到来时，再重新建立连接，传输数据，并再次关闭连接。安全起见，请求必须由客户端发起，由于客户端并不知道服务端什么时候更新数据，只能不断地去问，但收到的答复寥寥无几，大部分的请求实际上并没有任何作用。

如果轮询的时间间隔过短，且并发量大，会导致请求数急剧增多，这样对服务端的压力是巨大的；如果轮询的时间间隔过长，则会导致数据响应不及时，想要的数据得不到及时的更新,这在一些股票网站或聊天室的应用中是致命的。

先来看短连接轮询。短连接其实就是电话不断地接通,接通后不管有没有结果,即刻断掉请求,这跟 HTTP 网络通信协议高度契合,程序的代码几乎不用做任何大的改动。

短连接轮询的实现方式很简单,就是用一个定时器,反复地调用某种方法,发出异步请求。比如:

```
var timer = setInterval(function () {
//  发送请求。
//  setInterval 是一个定时器,意思就是每隔 3 秒呼叫一次服务器,问它有没有新消息。
},1000 * 3);
```

再来看下长连接轮询。与短连接轮询不同的是,长连接轮询的服务器端会保持连接,等待有数据的情况下返回且关闭连接,同时再创建一个新的连接。该连接一旦建立,服务端收到的请求并不会立即返回结果,而是等新消息到来,才会把结果返回客户端。

长连接对于客户端来说比较友好,因为客户端不必再发出无效的请求,而是发出一个请求后,在做其他事情的同时耐心地等待,服务端最终会把结果发回来。长连接的方式存在一种劣势,由于服务端一般通过线程操作 IO 来提供服务,长连接会白白占用一个线程,这个线程差不多一直处于 sleep -working- sleep-working 状态,无法再做其他的事情,线程也是一种资源,一般情况下服务端的线程数是有限的,所以会造成不必要的服务端资源浪费。

在即时通信领域,由于消息的实时性,采用这种传统长短连接的方式会降低效率。短连接会造成大量的空连接、无效连接;长连接则会使通信一直处于连接的状态,占用服务器资源。这两种方式的缺点使即时通信的性能降低,此时迫切需要一种更为先进的技术——Socket 技术。

11.1.2 订阅—发布模式

介绍 Socket 机制之前,先来介绍一下订阅—发布模式,这两者息息相关。订阅—发布模式,也叫观察者模式如今应用很广泛,目前常见的消息队列中间件,如 RabbitMQ、Kafka 等,都是经典的订阅—发布模式的实践者。前端常见的事件监听也是一种订阅—发布模式。它到底是一种什么模式,原理又是怎样的呢?

订阅—发布模式,顾名思义,其实就是与我们关注公众号、订阅号一样。我们订阅了某个公众号,或者某份杂志后,就不用再去问有无新消息,可以安心做自己的事情,当公众号有新消息,或者杂志社有我们订阅的新杂志时,公众号或杂志社就会将相关消息推送给我们。

一起看一看简单的订阅—发布模式的实现代码:

```
function observer () {
    this.observerList = [];
}
observer.prototype = {
// 添加订阅者
    add (key) {
        this.observerList.push(key);
},
// 移除订阅者
remove (key) {
        return this.observerList.filter(item => item != key);
    },
    // 通知订阅者
    update (data) {
        this.observerList.forEach(item => {
            item(data);
        });
    }
}
let sub0 = function (data) {
    console.log(' 我是 sub0，已收到数据更新的消息了，数据已变成：' + data);
}
let sub1 = function (data) {
    console.log(' 我是 sub1，已收到数据更新的消息了，数据已变成：' + data);
}
var o = new observer;
o.add(sub0);
o.add(sub1);

o.update('hello world');
o.update('data is change.');
o.update('data is change again.');
```

由代码可以知晓，o 其实就是 new 出来的一个订阅主体，我们可以理解成一家新的杂志社创建出来了，A 和 B 通过杂志社的某个部门（上方代码块中的 add 函数），分别订阅了某一系列的杂志，这时候会发现 A 和 B 订阅后就不会再关注消息了。

当这个系列的杂志有更新时（代码中有一本 "hello world" 和一本 "data is change" 的杂志更新了），会由杂志社的 update 部门分别通知已订阅了这个系列杂志的 A 和 B，并由 A 和 B 产生各自对应的输出（可能 A 拿这本杂志给同事看，而 B 拿这本杂志给家人分享）。

这样就完成了一个完整的订阅—发布流程。当某个时刻，A 或 B 不想订阅了，再通过杂志社的 remove 部门移除订阅。

理解了订阅—发布流程，再回头想一下传统的长短连接轮询的过程，可以发现，这两个过程有非常大的区别。

传统的长短连接轮询是作为客户的我们主动发起、主动询问，而订阅发布则是由订阅的主体主动推送消息，作为客户的我们非常省心，一旦有新消息就能知道。当然有时候可能收到一些广告或其他信息，但不能否认这种模式相对较好。

11.1.3　Socket.io

Socket.io 就是订阅—发布模式的实践者，也是目前即时通信的集大成者。介绍 Socket.io 之前，先来谈一谈 WebSocket。WebSocket 协议的实现实际上只是 Socket.io 的一个子集。

在介绍长短连接轮询时，笔者提到过这种轮询机制实际上是对 HTTP 无状态协议机制的无奈。HTTP 协议是无状态的，服务端不会记录任何客户端的信息，这就导致每次访问必须由客户端主动发起，服务端验证通过才能正常进行，这种方式很浪费性能。

当我们的应用是即时通信的微信或 QQ 时，如果每发一条信息都得等上 1 秒甚至更久的延迟，特别是在 QQ 群或微信群，大部分人都会崩溃的。此时迫切需要一种更好的实现方式，或者采用另一种更适合即时通信场景的协议来提高此类场景下的应用性能，WebSocket 协议就是一种更好的方式。

WebSocket 是 HTML5 新增加的一种通信协议，目前现代化的浏览器基本都支持该协议。WebSocket 解决了 HTTP 只能由客户端单向发起诉求的问题，它建立在 TCP 之上，同 HTTP 一样通过 TCP 来传输数据。它的 URL 以 ws:// 开头，而 HTTP 则以 http:// 或 https:// 开头，它和 HTTP 最大的不同有以下两点。

- WebSocket 是一种双向通信协议，在建立连接后，WebSocket 服务器和 Browser/UA 都能主动向对方发送或接收数据。
- WebSocket 需要通过客户端和服务器端握手连接，类似于 TCP。连接成功后才能相互通信，但握手时客户端与服务端双方的交流信息不同。

Socket.io 实际上是将 WebSocket、轮询机制及其他的实时通信方式封装成了通用的接口，因为不是所有的浏览器都支持 WebSocket。如果是长短连接轮询的方式，后台就写一块代码来匹配，而在 WebSocket 协议下时，后台不得不重新写代码来匹配，这样会导致兼容性极差。Socket.io 将这些不同的调用方式重新改成统一的接口调用，node 服务端的工作量就可以大大地减少。

Socket 的工作原理其实很简单，其在 B/S 架构下默认是 HTTP 请求。开始客户端会发送一个 HTTP 请求，这个请求与普通的 HTTP 请求有所不同，在它的请求头中有如下信息：

```
Upgrade: websocket              // 告诉浏览器发起的是 WebSocket 协议。
Connection: Upgrade
Sec-WebSocket-Key: a5DDckbOL1EzLkh9GBhXDw==
Sec-WebSocket-Protocol: chat
Sec-WebSocket-Version: 13
```

（1）Sec-WebSocket-Key 是一个 Base64 encode 的值，这是由浏览器随机生成的，用于身份识别。

（2）Sec-WebSocket-Protocol 是用户自定义的字符串，用于区分同一个 URL 下可能存在的多个 WebSocket 服务。

（3）Sec-WebSocket-Version 是告诉服务器它所使用的 WebSocket 版本。

服务器端会返回下列内容，表示已经接受请求，成功建立 WebSocket 连接。

```
Upgrade: websocket
Connection: Upgrade
Sec-WebSocket-Accept: ABSkrc0sKLlYUkaGmm5OPpG2HaGWk=
Sec-WebSocket-Protocol: chat
```

接下来就以 Socket.io 为基础，写一个简单的聊天室。准备环境的步骤如下。

（1）node 环境。

（2）安装 express、Socket.io 等，具体请看下面的 package.json 文件的代码。

```json
{
  "name": "one-single-chat-demo",
  "version": "1.0.0",
  "description": "a single char demo",
  "main": "index.js",
  "scripts": {
    "test": "echo \"Error: no test specified\" && exit 1"
  },
  "author": "dorsey",
  "license": "ISC",
  "devDependencies": {
    "express": "^4.15.2",
    "socket.io": "^2.2.0"
  }
}
```

将所需要的内容准备完毕之后，开始码写代码。整个聊天室运作过程：当你输入信息，单击提交后，后台会捕获你输入的信息，然后通过 Socket 的形式，将后台捕获到的消息发布给各个聊天室的用户，实时接收消息，如图 11.1 所示。

这里的后台是 node，node 编程也是 JavaScript 代码，所以这里的后台代码实际上是一个 index.js 脚本，也就是说，运行了 index.js 脚本，后台服务实际上就开启了。

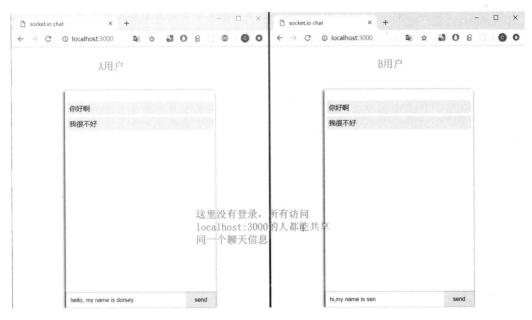

图 11.1 聊天室

先来看看这个后台的 index.js 的内容：

```
var app = require('express')();        //express 是一个 node 框架，用于简化一些 node 操作
var http = require('http').createServer(app);      //node 原生 HTTP 服务
var io = require('socket.io')(http);       //Socket.io
app.get('/', function (req, res) {
    // 将本文件夹下的 index.html 文件作为后台模板推送至服务器的根目录下
    res.sendFile(__dirname + '/index.html');
});
io.on('connection', function (socket) {
    // 某个用户已连接，这里未做登录，每打开一个新的窗口，后台都会打印一个dorsey connected
的日志
    console.log('dorsey connected');
    // 监听连接断开时的响应
    socket.on('disconnect', function () {
        console.log('dorsey disconnect');
    });
    // 配合前端订阅，这里是指订阅了 chat message 这部分内容的人，
    // 这里泛指聊天室的所有人
    socket.on('chat message', function (msg) {
        console.log('message: ' + msg);
        io.emit('chat message', msg);
    });
});
// 监听连接日志打印
// 后台的日志打印是非常多的，因为他们跟前端不同，出错无法通过很简单的
```

```
// 浏览器调试直接定位问题，只能通过分析日志去思考程序的运行，定位程序问题
http.listen(3000, function() { console .log( 'listen on 3000' ); });
```

既然要展示，那就需要一个前端的界面。这里是一个 index.html 文件，我们看一下它的
内容：

```html
<!DOCTYPE html>
<html lang="en">
<head>
    <meta charset="UTF-8">
    <meta name="viewport" content="width=device-width, initial-scale=1.0">
    <meta http-equiv="X-UA-Compatible" content="ie=edge">
    <title>socket.io chat</title>
    <style>
        html,body,div,form,ul,li{
            margin:0;
            padding:0;
        }
        ul,li{
            list-style: none;
        }
        body{
            font: 16px microsoft YaHei;
        }
        .messages{
            padding-top: 20px;
        }
        .messages li{
            background-color:aquamarine;
            padding: 5px;
            margin: 5px;
            border-radius: 5px;
        }
        .chat{
            width: 350px;
            height: 500px;
            margin: 100px auto 0;
            box-shadow: -2px 2px 10px #333;
            position: relative;
        }
        form{
            width: 100%;
            height: 35px;
            box-shadow: -1px 0px 2px #333;
            position: absolute;
            bottom: 0;
        }
```

```
        form input{
            width: 80%;
            height: 35px;
            border: none;
            outline: none;
            padding: 5px 10px;
            box-sizing: border-box;
        }
        form button{
            background-color:aqua;
            width: 20%;
            height: 35px;
            position: absolute;
            right: 0;
            border: none;
            cursor: pointer;
        }
    </style>
</head>
<body>
    <div class='chat'>
        <ul class="messages">
        </ul>
        <form action="">
            <input type="text" autocomplete='off'>
            <button>send</button>
        </form>
    </div>
    <script src='/socket.io/socket.io.js'></script>
    <script src='https://code.jquery.com/jquery-3.4.1.min.js'></script>
    <!-- 必须要用 Chrome 浏览器 -->
    <script>
        // var socket = io();
        $(function () {
            var socket = io();
            $('form').submit(function (e) {
                e.preventDefault();
                socket.emit('chat message', $('input').val());
                $('input').val('');
                return false;
            });
            socket.on('chat message', function(msg){   // 这个监听其实就是一个接收
发布的过程
                $('.messages').append($('<li>').text(msg)); // 在聊天室输入消息
            });
        });
```

```
    </script>
</body>
</html>
```

接下来运行程序，运行结果如图 11.2 所示。

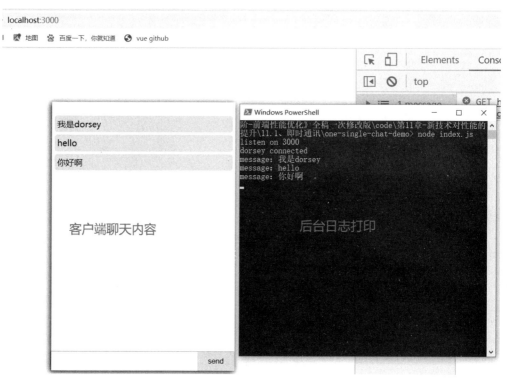

图 11.2　node 运行聊天室服务

Socket.io 的应用非常广泛，除了常见的即时通信（微信、QQ）外，股市基金实时信息、警报告警、社交订阅（公众号）、协同办公、地理定位导航、在线论坛、在线课堂等都可以通过 Socket.io 实现。

11.2　MVVM 框架

MVVM 框架最显著的提升实际上并不在于性能，而在于开发效率。我们只能说，MVVM 框架在一个非常不错的开发效率和可维护性的情况下，提供了一个还过得去的性能。

在性能方面，测试结果表明它并不会比传统的 JQuery ＋ 模板引擎这种直接操作 DOM 的方式快多少，甚至从某种程度来说，反而会更慢。只是传统的直接操作 DOM 的方式很容易误触导致页面重排、重绘。要想规避这种误触，需要开发者本身对 JavaScript 操作

DOM 有更多、更深入的理解。

　　MVVM 框架更多的是鼓励开发者操作数据更新视觉层。由框架本身操作 DOM，从某种程度上看，可以较好地规避开发者通过各种选择器操作 DOM 导致页面回流的情况。

11.2.1　虚拟 DOM

　　当代 MVVM 框架，如 Vue、React，以响应式双向绑定数据为根，以虚拟 DOM（virtual-DOM）为本。虚拟 DOM 实际上是通过创建一个实例对象来存放 DOM 节点的各个属性，通过实例对象可以非常高效地做修改数据、实时更新数据等操作。下面是真实的 DOM 与虚拟 DOM 的差别。

　　真实的 DOM：

```
<div>
    <p>dorsey</p>
</div>
```

　　虚拟的 DOM：

```
var Vnode = {
    tag: 'div',        // 表明这一级的标签是 div
    key: undefined,
    children: [{       // 这一节点的子节点
        tag: 'p',
        text: 'dorsey',
        key: undefined,
        children: []
    }]
};
```

　　虚拟的 DOM 实际上就是将真实 DOM 节点中需要的元素依次挂靠在一个实例化的对象中，如标签类型、节点类型、属性（如 class，style）、节点里的文本内容、子节点等，只要是真实 DOM 中的，都可以在虚拟 DOM 节点中找到它对应的内容，甚至对象本身除节点信息之外，还可以加入更多的功能。

　　虚拟 DOM 其实跟模板引擎有些相似之处，模板引擎之所以能提高性能，是因为它将原本多次对页面进行的 DOM 操作暂时性地放入一个模板中，等处理完了再一次性加载。虚拟 DOM 则是将多次的 DOM 操作先在映射出的 JavaScript 对象中处理，再将该对象一次性 attach 到真实的 DOM 树上，这样可以避免因浏览器重排导致的大量无用计算。

　　相比于模板引擎通过正则匹配，再通过 replace 将对应的模板字段替换成数据的方式，虚拟 DOM 操作 JavaScript 对象的方式更为快捷。这种方式对索引的访问是相对快速的，对象的 key-value 键值对访问也非常快，这也是如今大多数大数据搜索引擎，如 Elasticsearch 被用于大数据搜索的缘故。

　　虚拟 DOM 实际上是为后续的 Diff 算法往真实 DOM 上打补丁（patch）服务的。

11.2.2 Diff 算法

通过 11.2.1 小节对虚拟 DOM 的介绍，我们知道了虚拟 DOM 实际上是将页面真实 DOM 节点的各类信息映射成一个对象。

那么问题来了，虚拟 DOM 虽然可以被当成一个缓冲层来完成各种数据与节点的处理，但它毕竟不是真实的 DOM，不能直接更新到页面上，那么如何在接收完变化的内容后，真实地反馈到视图层呢？

Vue 的 Diff 算法的实现写在它的 patch.js 模块里，它还有一些用于定义虚拟 DOM 实例 JavaScript 节点对象的文件（vnode.js）。下面一起通过 Vue 的源码来分析一下 Diff 算法。本次分析的版本是 Github 上 Vue 的 master 分支。

先构建一个简单的 Vue 源码分析环境，如图 11.3 所示。

图 11.3　Vue 源码环境

代码下载下来之后，在 build/config.js 文件里，可以找到下面这段：新增一个配置项 sourceMap:true，该配置项就是 Webpack 打包时加入的源文件映射。然后会发现在打包后的文件中会多出一些后缀为 .map 的映射文件，这些源文件映射主要用于在 Chrome 浏览器中调试源码，修改配置后打包的文件。我们在 dist 目录下可以找到一个新打包的 vue.js 文件，如图 11.4 所示。

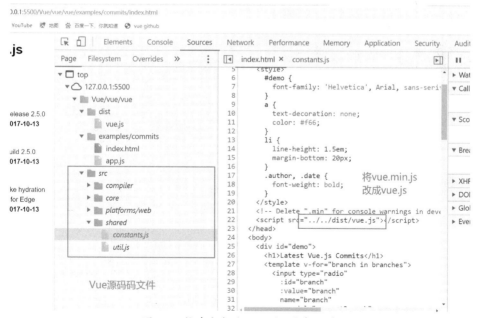

```
169    }
170
171   function genConfig (name) {
172     const opts = builds[name]
173     const config = {
174       input: opts.entry,
175       external: opts.external,
176       sourceMap: true,
177       plugins: [
178         replace({
179           __WEEX__: !!opts.weex,
180           __WEEX_VERSION__: weexVersion,
181           __VERSION__: version
182         }),
183         flow(),
184         buble(),
185         alias(Object.assign({}, aliases, opts.alias))
186       ].concat(opts.plugins || []),
187       output: {
188         file: opts.dest,
189         format: opts.format,
190         banner: opts.banner,
191         name: opts.moduleName || 'Vue'
192       }
193     }
194
195     if (opts.env) {
```

新增这个配置，让 webpack 在打包时生成对应的源文件映射

图 11.4　修改 Webpack 打包配置

接着找到 examples 文件夹，打开其中一个 .html 文件，并将里面引用的 vue.min.js 修改成 vue.js，再打开该文件，此时 Vue 的源码分析环境就搭建起来了。如图 11.5 所示，在浏览器中既能看到打包后的 vue.js 文件，又能看到源文件目录 src。

图 11.5　构建完成的 Vue 源码分析环境

下面就可以分析源码了。关于 Diff 算法，我们只需要分析 patch.js 模块，patch.js 是 Diff 算法实现的核心文件，如图 11.6 所示。

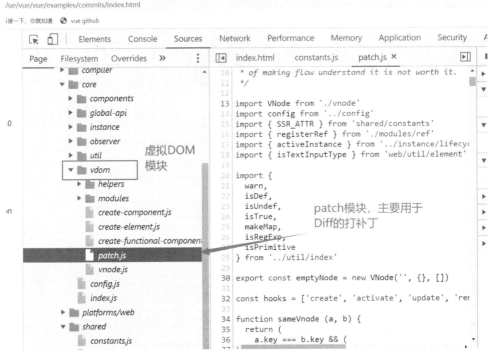

图 11.6　patch 模块位置及作用

展现在我们眼前的是一个函数（function），内容如下：

```
function sameVnode (a, b) {
  return (
    a.key === b.key && (
      (
        a.tag === b.tag &&
        a.isComment === b.isComment &&
        isDef(a.data) === isDef(b.data) &&
        sameInputType(a, b)
      ) || (
      isTrue(a.isAsyncPlaceholder) &&
      a.asyncFactory === b.asyncFactory &&
      isUndef(b.asyncFactory.error)
      )
    )
  )
}
```

　　这是 Diff 算法实现的第一步，先做最外层的比对，判断新旧两个节点是否值得比较，如果不值得，就将旧节点整个替换。是否值得比较的依据是什么？

　　通过上面的代码可以发现，首先要比较它的 key。注意，key 值最好不是 index（index 是标签中默认的指针属性，很容易被动态修改），否则容易在 Diff 算法比对时产生错觉。

　　接下来就是比较标签（tag），比较是否为注释节点（isComment）或者其他具体的信息（data），比如节点上面绑定的事件、属性等，如果是 input 标签还会比较它的类型。

当新旧节点值得继续深入比对时，就继续递归查找。其实 sameVnode 函数返回的结果仅仅是一个 Boolean 值，供不同的策略判断使用。怎么判断是否值得深入对比呢？比如新节点的 tag（标签）是 "div"，而旧节点是 "p"，连标签都不一样了，这种情况就不值得继续深入比对。

此时从该节点这一层级开始到它的所有后续节点，都不会再继续追踪，这就是 Diff 算法的高明之处。Vue 是双向绑定的，页面的 view 层实际上是实时更新的，每次改变的数据或区域占比都非常小。

很多新旧节点实际上是不值得继续深入比对的，通过这样的手段，可以将原本需要 O(n^3) 的完全遍历降成 O(n)，极大地提高了页面实时更新的性能。当然这也会造成一些小问题，但这些小问题可以通过简单的编码规范来减少或避免。

下面继续分析源码。如图 11.7 所示的 updateChildren 函数，可以看到传入的新旧两个节点，每个节点都有开始与结束两个向左右靠拢的指针，如旧节点的 oldStartIdx 与 oldEndIdx，还可以看到虚拟出来的节点 VNode 就是一个对象。

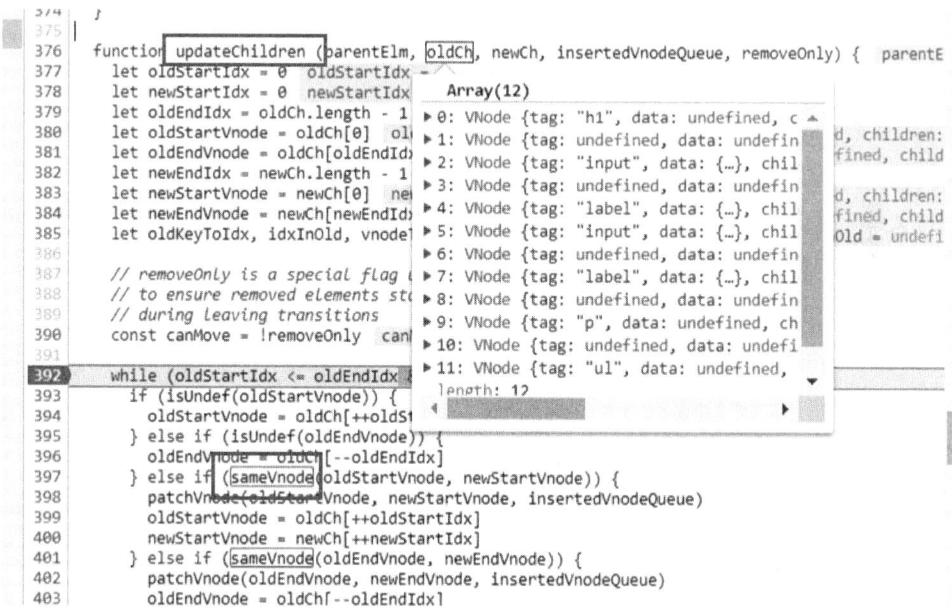

图 11.7　patch 模块位置及作用

Diff 算法从最外层开始，先判断当前该层级下新旧节点是否值得打补丁（patch）。如图 11.7 所示，这一层共有 12 个旧节点，当然新节点也有 12 个，当该节点不值得继续深入时，直接用新节点的结果更新替换旧节点；当值得比较时，比如新旧节点的 tag 值、key 值都一样，则继续递归遍历，查找下一个子级 Children 的节点，并在这些节点中执行 patchVnode

函数。

我们来继续分析，看一下 patchVnode 究竟做了什么。打个断点，如图 11.8 所示。

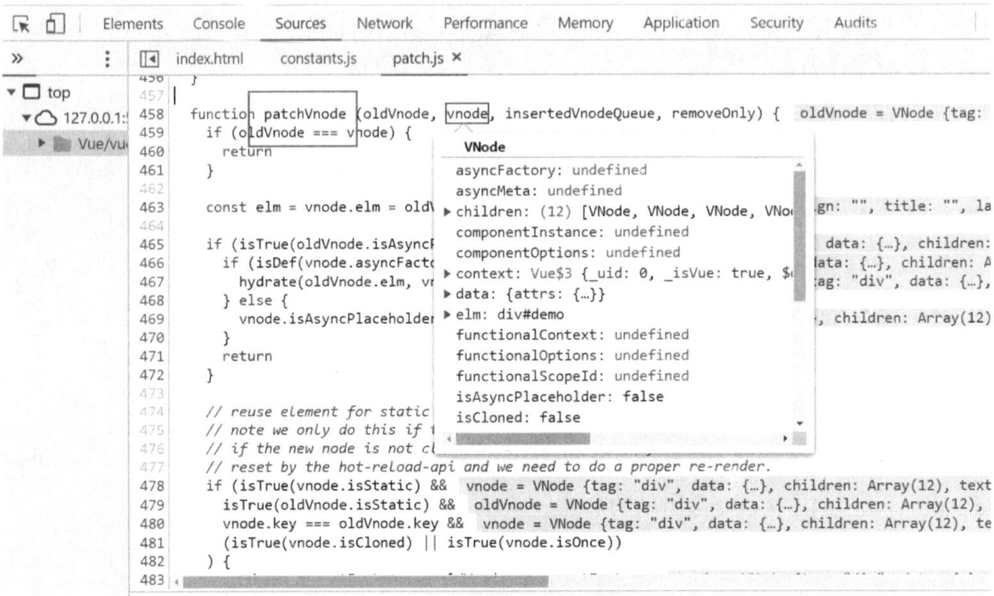

图 11.8　patchVnode 函数

我们将一些不是特别关键的内容做了压缩，并提取 patchVnode 所做的内容。看一下压缩后的代码：

```
patchVnode (oldVnode, vnode) {
    if (oldVnode === vnode) {
      return
    }
const elm = vnode.elm = oldVnode.elm
    let i
    const data = vnode.data
    if (isDef(data) && isDef(i = data.hook) && isDef(i = i.prepatch)) {
      i(oldVnode, vnode)
    }
    const oldCh = oldVnode.children
    const ch = vnode.children
    if (isDef(data) && isPatchable(vnode)) {
      for (i = 0; i < cbs.update.length; ++i) cbs.update[i](oldVnode, vnode)
      if (isDef(i = data.hook) && isDef(i = i.update)) i(oldVnode, vnode)
    }
    if (isUndef(vnode.text)) {
      if (isDef(oldCh) && isDef(ch)) {
        if (oldCh !== ch) updateChildren(elm, oldCh, ch, insertedVnodeQueue, removeOnly)
```

```
  } else if (isDef(ch)) {
    if (isDef(oldVnode.text)) nodeOps.setTextContent(elm, ")
    addVnodes(elm, null, ch, 0, ch.length - 1, insertedVnodeQueue)
  } else if (isDef(oldCh)) {
    removeVnodes(elm, oldCh, 0, oldCh.length - 1)
  } else if (isDef(oldVnode.text)) {
    nodeOps.setTextContent(elm, ")
  }
} else if (oldVnode.text !== vnode.text) {
  nodeOps.setTextContent(elm, vnode.text)
}
if (isDef(data)) {
  if (isDef(i = data.hook) && isDef(i = i.postpatch)) i(oldVnode, vnode)
}
}
```

整个过程的基本思路如下。

（1）判断 Vnode 和 oldVnode 是否指向同一个对象，如果是，那么直接 return。

（2）找到对应的真实 DOM，称为 elm。

（3）如果他们都有文本节点并且不相等，那么将 elm 的文本节点设置为 Vnode 的文本节点。

（4）如果 oldVnode 有子节点而 Vnode 没有，则删除 elm 的子节点。

（5）如果 oldVnode 没有子节点而 Vnode 有，则将 Vnode 的子节点真实化之后添加到 elm 中。

（6）如果两者都有子节点，则会回到之前的 updateChildren 函数继续比较子节点。

这样，就基本完成了 Diff 算法主体流程。Diff 算法是现代 MVVM 框架核心中的核心，它关系到整个框架的性能，关系到某个区域数据更新后，页面上实时绑定的视图层同步更新的时长。

在当下 JavaScript 逐步向类型校验型的强类型语言（如 TypeScript）靠拢的趋势下，Vue 的作者尤雨溪及其团队没有在 Diff 算法的核心代码中增加类型校验，只为提高它的性能。类型校验实际上并不慢，但正因为遍历递归扫描的过程非常关键，若每次都去校验类型，会造成额外的性能负担，难以完全发挥 JavaScript 本身的优势及浏览器对其所做的优化。

当然，期待 Vue 社区将来可以完成该优化，并实现全新的支持 TypeScript 编程的 Vue。

11.3　Vue 相关知识

Vue 是轻量级、渐进式的 MVVM 框架，在使用它的时候，多注意一些细节，能较大地提升性能。

11.3.1 v-if 和 v-show

在某个 Web 应用或产品中，可能经常会遇到单击某个按钮时，页面的某块区域消失，或者某块区域在单击之后出现的情况。这种显示隐藏应用的实现实际上非常简单，有两种解决思路。

由于页面上显示的所有东西都是 DOM 节点，某个 DOM 节点一旦被删除，这个节点显示的区域就会消失不见，这是第一种思路。

第二种思路则是添加 display:none 或 visiable:hidden 的 CSS 样式，无须移除 DOM 节点。

这两种解决问题的思路在 Vue 中也得到了应用，例如 v-if 与 v-show。v-if 和 v-show 其实也是 Vue 组件中常遇到的两个指令。

v-if 正如它自身的意思，如果满足某种条件，就在页面中创建 DOM 元素，对应经常看到的 if，这就是上文提到的第一种思路的解决方案。当某个 DOM 节点绑定了 v-if 时，如果 v-if 的条件不满足，这个 DOM 节点就会被删除，就不会出现在 DOM 树中了。这样就可以通过创建或删除某一 DOM 节点达到页面某块区域显示或消失的目的。

一起看一段简单的代码，实际上 v-if 就是一个 if 语句，当然对应的还有 else if 及 else：

```
<div v-if="type === 'A'">
  A
</div>
<div v-else-if="type === 'B'">
  B
</div>
<div v-else-if="type === 'C'">
  C
</div>
<div v-else>
  Not A/B/C
</div>
```

v-show 顾名思义，表示显示（show）某个节点，它沿用的是上文提到的第二种解决思路，也就是通过设置 display:none 或 display:block 等 CSS 样式来控制页面某块区域（某个 DOM 节点）的显示与隐藏。

在 Chrome 浏览器上测试时，你会发现，当 v-show 绑定的变量变为 false 时，页面隐藏，DOM 节点上会有一个内嵌（通过 style 属性）的 display:none；当该变量重新变为 true 时，此时的内嵌属性会变为 display:block。正是通过这样简单的 CSS 样式控制，达到页面某块区域的显示与隐藏的目的。

一起看一下 v-show 的代码，其实就是引用一个 vue 组件（editor-detail）：

```
<editor-detail :editInfo="editorInfo" v-show="editorVisible"
        @confirm="confirm" @cancel="editorVisible=false"></editor-detail>
```

虽然解决的是相同的问题，但解决的思路不同，他们各自的特点决定了它们适合的应用场景。

v-if 存在较为高昂的切换开销。v-if 是通过创建与删除 DOM 节点达到选择性显示页面某区域的目的，但不断地创建与删除实际上非常耗费资源。在某些需要频繁切换显示状态的 DOM 节点上，假如采用的是 v-if，频繁地创建和删除 DOM 节点会导致页面不断地重排、重绘，影响整体性能，此时采用 v-show 会更好。

但这并不代表着 v-show 就很好，v-show 尽管切换开销低，但它的初始首屏渲染开销更高。正如上文所说，v-show 是通过给 DOM 节点设置 display:none 或 display:block 的 CSS 样式达到控制页面显示效果的目的，并没有增删 DOM 节点。

在实际的使用中，v-if 存在更高的切换开销，不宜用在一些可能会被频繁显示或隐藏的节点上，而适合用在那些页面会用到 DOM 且节点较大，但切换不频繁的地方；v-show 有更高的首屏渲染开销，所以不怎么切换的部分不宜用 v-show 来绑定，避免产生额外的内容加载与渲染，它更适合用在某些被频繁切换的节点上，减少频繁创建与删除 DOM 节点的开销。

下面我们通过脚手架搭一个 Vue 工程，看看这两个属性使用时的情况。先看一下是否有 Vue 这个命令，如图 11.9 所示。

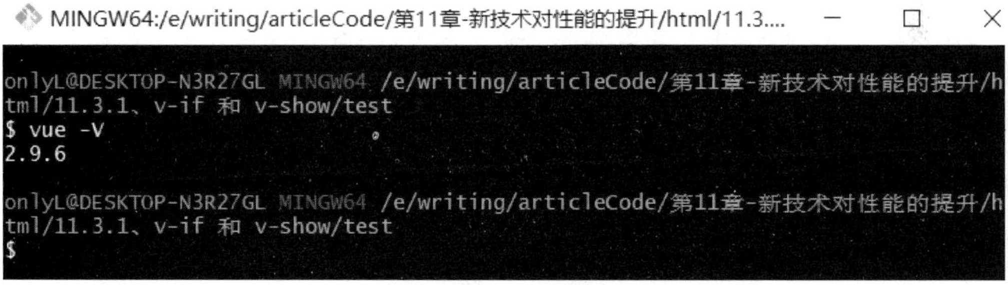

图 11.9　Vue 版本查看命令

假如没有 Vue 的版本号，则证明未安装 vue-cli 脚手架，此时通过 cnpm install –global vue-cli 命令全局安装脚手架。如果已经安装过，就可以继续查看 Vue 版本命令，校验是否已经安装成功，如图 11.10 所示。

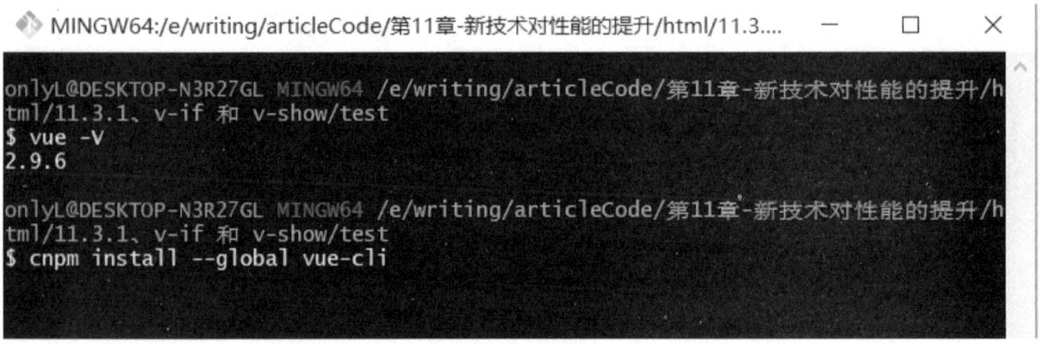

图 11.10　vue-cli

接下来开始搭建工程。使用 vue init webpack [project name] 的方式安装工程，如图 11.11 所示。

图 11.11　Vue 脚手架初始化工程

再看一下工程初始化的那个文件夹，可以看到整个 Vue 工程目录，如图 11.12 所示。

名称	修改日期	类型	大小
build	2019/6/10 7:50	文件夹	
config	2019/6/10 7:50	文件夹	
node_modules	2019/6/10 8:38	文件夹	
src	2019/6/10 7:50	文件夹	
static	2019/6/10 7:50	文件夹	
test	2019/6/10 7:50	文件夹	
.babelrc	2019/6/10 7:50	BABELRC 文件	1 KB
.editorconfig	2019/6/10 7:50	EDITORCONFIG ...	1 KB
.eslintignore	2019/6/10 7:50	ESLINTIGNORE ...	1 KB
.eslintrc	2019/6/10 7:50	JavaScript 文件	1 KB
	2019/6/10 7:50	文本文档	1 KB
.postcssrc	2019/6/10 7:50	JavaScript 文件	1 KB
index	2019/6/10 7:50	Chrome HTML D...	1 KB
package.json	2019/6/10 7:50	JSON 文件	3 KB
README.md	2019/6/10 7:50	MD 文件	1 KB

图 11.12　Vue 工程目录

执行 npm run dev 命令，启动工程，如图 11.13 所示。

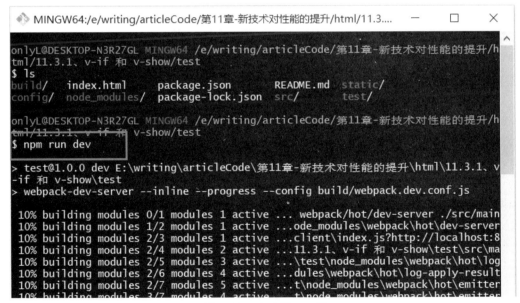

图 11.13　启动 Vue 工程

启动之后，系统会显示我们在浏览器中访问的 URL，笔者的 URL 是 localhost:8080，如图 11.14 所示。

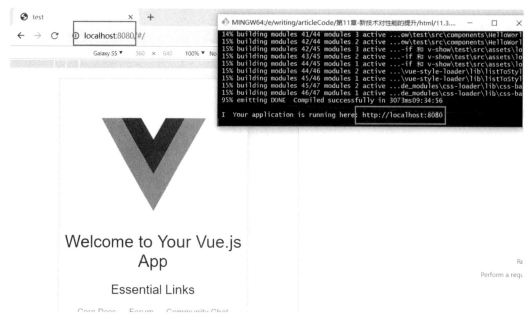

图 11.14　浏览器访问的 URL

由于 Vue 涉及路由跳转，这里不再另写组件，直接在 HelloWorld.vue 组件上修改。

（1）删除 <template> 模板中不必要的标签，只保留 h1 和 h2，并在 <script> 行为层加入 flag 标志，暂且设置为 false，如图 11.15 所示。

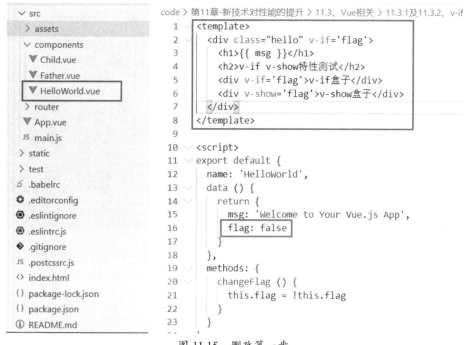

图 11.15　删改第一步

（2）按照我们的需要在 <template> 里写入两个 div，并分别添加 v-if 和 v-show，具体的代码如下：

```
<template>
<div class="hello">
    <h1>{{ msg }}</h1>
    <h2>v-if v-show特性测试 </h2>
    <div v-if='flag'>v-if 盒子 </div>
    <div v-show='flag'> v-show 盒子 </div>
  </div>
</template>
```

（3）查看浏览器界面可以发现，设置了 v-if 的 DIV 盒子直接在 DOM 结构中消失了，就像代码直接被注释了一样，而设置了 v-show 的 DIV 盒子还是可以看到的，只不过它的 CSS 的 display 属性被置为 none，如图 11.16 所示。

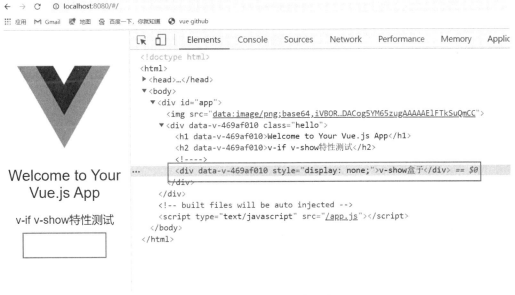

图 11.16　v-if 和 v-show 渲染效果不同

此时再加一个按钮，并在 methods 钩子里添加一个单击后触发的事件，该事件会将 flag 标志位设为 true，代码如下：

```
<template>
  <div class="hello">
    <h1>{{ msg }}</h1>
    <h2>v-if v-show 特性测试 </h2>
    <div v-if='flag'>v-if 盒子 </div>
    <div v-show='flag'>v-show 盒子 </div>
    <button @click="changeFlag"> 按钮 </button>
```

```
    </div>
  </template>

  <script>
  export default {
    name: 'HelloWorld',
    data () {
      return {
        msg: 'Welcome to Your Vue.js App',
        flag: false
      }
    },
    methods: {
      changeFlag () {
        this.flag = !this.flag
      }
    }
  }
  </script>

  <!-- Add "scoped" attribute to limit CSS to this component only -->
  <style scoped>
  h1, h2 {
    font-weight: normal;
  }
  ul {
    list-style-type: none;
    padding: 0;
  }
  li {
    display: inline-block;
    margin: 0 10px;
  }
  a {
    color: #42b983;
  }
  button{
    background-color: paleturquoise;
    border: 1px solid powderblue;
    box-shadow: -1px 1px 3px #333;
    outline: none;
  }
  </style>
```

（4）再来看看效果，单击按钮会切换显示状态，如图 11.17 所示。

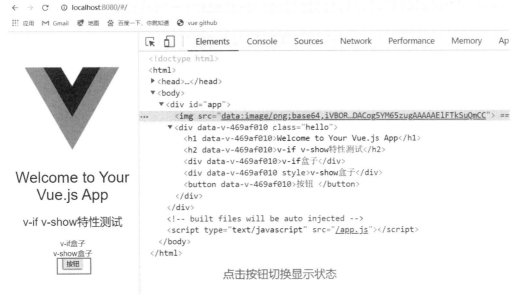

图 11.17　单击按钮切换显示状态

通过上述例子，v-if 和 v-show的特性就很清楚了。

11.3.2　细分 Vue 组件

当你采用 Vue 框架来完成 Web 应用或 App 时，一定离不开它的组件。可以将组件想象成积木或砖头，把 Web 应用想象成一座大厦，这座大厦就是由很多砖头垒成的。

先来看一个简单的组件，Vue 的组件基本由三部分构成，这三部分对应的是前端页面"三剑客"——HTML、CSS、JavaScript。代码如下：

```
<template>
  <div id="app">
    {{ name }}
  </div>
</template>
<script>
export default {
  data: function () {
    return {
      name: 'dorsey'
    };
  },
  methods: {},
```

```
  created: function () {}
};
</script>
<style scoped>
</style>
```

写的组件应小而美, 方便复用, 每个组件都是为完成某个或某类特定功能而生的。

当组件过大时, 首先可能会有一些其他性能的业务抽离不干净, 导致复用困难; 其次会导致 DOM 节点过大, 相应的 DOM 层级过深, 最终增加性能开销。

组件也不宜拆分得过小。每一个组件其实只是页面上的一小块区域, 前端发送请求获取数据不能只获取这一小部分, 否则会造成请求数过多, 服务器压力过大。

如何将获取的大数据源分流到各个组件上并完成最终的显示是 Vue 绕不过去的问题。为了解决这个问题, Vue 通过组件的属性, 使 props 和 emit 进行父子间组件的通信, 假如此时拆分的组件过小, 则会使组件间通信、数据流的内部传输更为频繁。这种数据流传输的中间环节越多, 传递的效率就越低, 还极易出错。所以最终结论是组件不宜过大, 过大会使组件臃肿、沉重; 也不宜过小, 中间环节过多, 影响程序的性能。

下面利用 11.3.1 小节的 Vue 工程写两个父子组件, 通过这两个父子组件间的通信来体验一下组件间细分后的数据流动。先看父传子。

父组件 Father.vue 代码如下:

```
<template>
  <div class="father">
    <div>this is father component</div>
    <child :info="infoToChild"/>
  </div>
</template>

<script>
import Child from './Child.vue'
export default {
  name: 'Father',
  components: { Child },
  data () {
    return {
      msg: 'father',
      infoToChild: {
        name: 'my name is dorsey, this info from father com'
      }
    }
  },
  methods: {
```

```
  }
}
</script>

<!-- Add "scoped" attribute to limit CSS to this component only -->
<style scoped>

</style>
```

子组件 Child.vue 代码如下：

```
<template>
  <div class="child">
    <div>this is child component</div>
  </div>
</template>
<script>
export default {
  name: 'Child',
  props: {
    info: Object
  },
  data () {
    return {
      msg: 'child'
    }
  },
  methods: {},
  mounted () {
    console.log(this.info.name)
  }
}
</script>
<!-- Add "scoped" attribute to limit CSS to this component only -->
<style scoped>
</style>
```

同时，需要在路由器上做配置，即将 src/router/index.js 文件里的代码修改为：

```
import Vue from 'vue'
import Router from 'vue-router'
import HelloWorld from '@/components/HelloWorld'
import Father from '@/components/Father'
Vue.use(Router)

export default new Router({
  routes: [{
    path: '/',
```

```
    name: 'HelloWorld',
    component: HelloWorld
  },
  {
    path: '/father',
    name: 'Father',
    component: Father
  }]
})
```

此时可以发现，控制台中的子组件打印了父组件中的信息，同时某个绑定了 info 信息源的 DIV 盒子显示出父组件传递过来的数据，如图 11.18 所示。

图 11.18 子组件打印出了父组件的信息

子组件 Child.vue 中，props 内的 info 就是由父组件 Father.vue 传递过来的 info 值，这个值与 infoToChild 这个变量做了绑定，因此父组件中该变量的任何改动都会自动传递到子组件中，实现了从父到子之间的组件信息传递。

接下来看看子组件传递至父组件的过程。子组件主要是通过 $emit 向父组件传递数据或触发条件。在子组件上加入一个按钮，单击按钮时，值会传递给父组件。

子组件 Child.vue 代码：

```
<template>
  <div class="child">
    <div>this is child component</div>
    <button @click="emitInfoToFather">按钮单击 </button>
  </div>
</template>
<script>
export default {
  name: 'Child',
  props: {
```

```
    info: Object
  },
  emit: {
    childInfo: '子组件信息'
  },
  data () {
    return {
      msg: 'child'
    }
  },
  methods: {
    emitInfoToFather () {
      this.$emit('confirm', '子组件的按钮被单击了')
    }
  },
  mounted () {
    console.log(this.info.name)
  }
}
</script>

<!-- Add "scoped" attribute to limit CSS to this component only -->
<style scoped>

</style>
```

父组件 Father.vue 代码：

```
<template>
  <div class="father">
    <div>this is father component</div>
    <child :info="infoToChild" @confirm='confirm'/>
  </div>
</template>

<script>
import Child from './Child.vue'
export default {
  name: 'Father',
  components: { Child },
  data () {
    return {
      msg: 'father',
      infoToChild: {
        name: 'my name is dorsey, this info from father component'
      },
```

```
      flag: false
    }
  },
  methods: {
    confirm (mes) {
      console.log(mes)
    }
  }
}
</script>

<!-- Add "scoped" attribute to limit CSS to this component only -->
<style scoped>

</style>
```

单击子组件的按钮，就会触发对应的事件，该事件向父组件传递一个 confirm 事件和该事件的参数，父组件再在引用的子组件中加入 @confirm 来接收数据，并将参数在页面的控制台上打印出来，如图 11.19 所示。

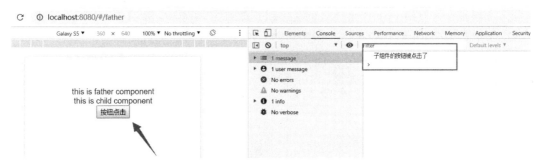

图 11.19　子组件的参数传递至父组件并打印

如上所述，细分各个模块为组件，并做组件间的相互通信，就可以将各个组件所需的信息传递到各个组件并完成最终的展示。

11.3.3　巧用 Vuex 数据中心

我们在 11.3.2 小节中讲过，组件如果拆分过细，会导致组件间通信代价过大，同时也会使数据流传输的中间环节难以管理。

拆分组件也只能做到简化，并且还是一级一级传递的模式。这样传递数据不仅传输效率低，还会导致组件间的通信难以管理、后续难以维护，甚至当某一个状态要共享到多个地方时，不得不跨越"千山万水"，才能将数据流传输至需要的地方。传输过程中的中间环节可能并不需要这一个数据，但还是要保存该数据。这样的后果就是数据流传输不明朗，维护困难。

　　所以此时需要一个可以解决问题的工具，它可以存数据，无论组件在哪里，它里面的数据都可以被访问，就这样，Vuex 诞生了。

　　简单地说，Vuex 就是一个数据仓库，它是 Vue 中用于组件状态共享与管理的模块。

　　Vuex 的使用相当简单，它其实就是向全局 Vue 实例的原型（prototype）中注入一个变量 store。因为该变量在 prototype 中，所以在各个组件中都可以使用，例如直接通过 methods 方法中的 this.$store 来访问，并且当某个组件改变了 store 的数据之后，可以得到全局的响应，有该状态的其他组件都会跟着变更。

　　现在来做一个简单的 Vuex 实例。为了简便，这里用 Vue 提供的脚手架工具搭一个 Vue 工程，并在 Vue 的原型中嵌入 Vuex 全局的变量（数据仓库）。接下来 main.js 修改如下：

```
// The Vue build version to load with the `import` command
// (runtime-only or standalone) has been set in webpack.base.conf with an alias.
import Vue from 'vue'
import Vuex from 'vuex' // 新增 Vuex 模块
import App from './App'
import router from './router'
Vue.config.productionTip = false
Vue.use(Vuex) // 注册 Vuex
// 设置一个全局访问的变量
const state = {
  showHeader: true,
  showNav: true
}
const store = new Vuex.Store({
  state
})
/* eslint-disable no-new */
new Vue({
  el: '#app',
  router,
  store, //  丢入 Vue 实例中
  components: { App },
  template: '<App/>'
})
```

　　其实，main.js 在这里的作用主要是初始化 Vuex，并将全局变量 store 添加到 Vue 中，供各组件共享。接下来修改里面的 HelloWorld.vue 组件：

```
<template>
  <div class="hello">
    <h3>{{ msg }}</h3>
  </div>
</template>
```

```
<script>
export default {
  name: 'HelloWorld',
  data () {
    return {
      msg: 'hello, my name is dorsey'
    }
  },
  methods: {
    showVuexData () {
      // 各个组件都可以通过 this.$store.state 可以拿到 state 里面所有的内容
      console.log(this.$store.state)
      console.log(this);   // 顺便看一下 v-model 实例
    }
  },
  created () {
    this.showVuexData()
  }
}
</script>
<!-- Add "scoped" attribute to limit CSS to this component only -->
<style scoped>
h1, h2 {
  font-weight: normal;
}
ul {
  list-style-type: none;
  padding: 0;
}
li {
  display: inline-block;
  margin: 0 10px;
}
a {
  color: #42b983;
}
</style>
```

接下来运行 npm run dev，可以看到在 Chrome 的控制台打印了刚刚设置的 showHeader 和 showNav，如图 11.20 所示。

图 11.20　Vuex 数据中心

这样就有了一个全局的数据中心。当更新了这个数据中心里的某个状态时，依赖于这个状态的所有组件都会更新，这样维护起来非常简便。另外在考虑业务时也可以有更好的操作性，不用因为多层组件间通信时数据流的不明朗而苦恼。

11.4 移动端相关应用

在 JavaScript 发展到现在，陆续诞生了不少应用，本节列举一小部分。

11.4.1 骨架屏

骨架屏（Skeleton）的作用就是在内容被完全加载出来之前，先将页面的骨架加载出来。当你访问某个网页时，第一时间映入眼帘的是这样的页面，如图 11.21 所示。

这就是骨架屏，骨架屏很像懒加载，先用一些非常小的图片大致占位，再将内容渲染上去，而不是初始首屏渲染时看到的白屏。这其实就跟 loading 页一样，性能并没有因此提高多少，反而因为加载了这些很小的图片变得更慢。这种用小图片占位的方式会给用户一种内容快出来的错觉，而不是一脸疑惑地对着一片空白，这样可以提高用户体验。

图 11.21　骨架屏加载

骨架屏一般应用在一些对用户体验要求非常高的手机 App 中，如用户希望更快看到内容的新闻站点。相比于 PC 端，骨架屏在移动端的应用更为常见，因为移动端本身的资源比 PC 端弱，一些性能问题在移动端会更为凸显，在技术层面难以优化时，从其他层面提升用户体验是最好的选择。

11.4.2 PWA 渐进式增强 Web 应用

目前，在移动端领域安装 App 是很常见的行为。原生 App 能够更好地利用系统资源，用户的体验上限可以达到更高的程度。

App 存在一个至今无法调和的矛盾——系统不同。移动端目前有两大阵营：Android 和 IOS（未来还会有国产系统）。App 的底层就是系统，当系统变了之后，这个 App 的整套代码是无法再使用的，所以会出现一种情况，即一个系统就得开发一个 App，比如 Android 版和 IOS 版。这样每多一个系统，就得多开发出一整套针对该系统的 App 源代码，开发工作量呈倍数增长。

App 还存在另外一个问题，如果用户每次使用某个功能，就得下载一个 App，手机中会存在大量不常用的 App，占用了手机大量的系统资源，手机变卡后，又要卸载不常用的 App，用户体验很差。微信小程序这种轻量级、无须安装、用完即走的方式避免了这种问题。

Web 应用的优势在于跨平台，系统兼容的问题可以交给浏览器厂商解决，一套代码，各个系统都能运行。不管是什么系统，都会有浏览器。浏览器所承载的网页应用的标准又是基于 W3C 制定的 HTML 标准，如 HTML5，只要写出了 HTML5 标准的页面，就可以在各大系统平台上运行。

那可不可以结合两者的优点，将网页打包成 App，既可以解决系统兼容性，无须针对不同系统，维护不同的代码，又可以通过优化 Web 的性能达到或接近原生 App 的水平。正是基于以上问题的思考，PWA 应运而生。

PWA 全称为 Progressive Web Apps——渐进式增强的 Web Apps。与原生 App 不同，PWA 是基于 Web 的，所以会有一些问题，比如性能较低，不具备原生 App 所具有的推送消息功能，无法离线使用等。

随着时间的推移，以及相关技术和标准的不断推动，Web 领域逐渐解决了 PWA 所遇到的技术上的关键问题。

- Notification API：出台浏览器推送标准接口，也就是 WebSocket。
- Service Worker：用户离线时，可以从缓存中启动 Web 应用。

PWA 其实类似于微信小程序，只不过此时应用的底层从浏览器变成了微信 App 本身，当然系统层级的兼容就由微信自己解决，毕竟像腾讯这样的大公司针对不同的系统环境做一个 App 出来并不难。

相较于普通的 Web 应用而言，PWA 最大的特点是离线缓存，Web 应用其实很多时候做的就是访问某台 IP/ 端口获取资源，但这需要在网络连通的情况下进行。原生 App 是有缓存机制的，即使没有网络，依然可以使用或浏览，而普通的 Web 应用就可能直接 404 报错，无法访问页面。

PWA 能做离线缓存得益于 Service Worker，它可以拦截页面请求、缓存文件等，类似于在手机本地启动一个缓存服务器，当用户离线时仍然可以访问用户本地的一些服务和资源。当然，缓存终归是缓存，如果需要获取新的资源，还是需要连上网络获取。

第 **5** 篇　前端思想
与案例分析

第12章 思想高于逻辑，逻辑强于代码

在网页开发过程中，一些细节优化要有意识地去做，一些糟糕细节要有意识地避免。这些意识，实际上就是思想上的升华，并最终成为习惯。

有意识地去做的思维模式会使我们考虑解决方案时不只考虑此次的需求，还会考虑在实际应用时可能出现的各种状况，如代码的复用、健壮性、业务的拓展等。这样解决方案的逻辑性会更强，最终的项目就可以更好地落地。

逻辑其实是每一位程序员的基本功，逻辑理顺了，无论使用何种语言，代码组织起来都会更加胸有成竹，最终的成品也会更好。

本章主要是从思维的层面做一些交流，主要包括以下内容：

- 一个系统的初次架构往往很重要，却很容易因时间原因被刻意忽视；
- 严格要求自己，养成良好的编码习惯；
- 代码重构；
- 效率与性能间的平衡。

12.1 首次架构重于迭代升级

很多时候我们不愿意花过多的时间和力气在用户需求分析上，而是先将一些初级的需求合并，做一个基础版的东西。

这样会造成用户一旦有不满意的地方就要改，一直改或不断加需求，最终导致一次次的迭代升级。到最终成品时，可能连 UI 原型都换了好几遍，而且中间改的过程中也会留下非常多的问题。这些问题有些是可以解决的，但解决时，为了不影响原来的功能，可能只是新增某块代码块，比如一个类，使代码变得越来越臃肿，难以维护。

如果一开始就以很少的需求搭一个框架出来，那么这个框架的架构很难一开始就做得很全面，当有一些需求要做较大的调整时，可能就不得不做大的改动，甚至最终走向重构

的道路。

这些情况似乎是目前行业的通病，因为一个好的想法出来之后，拼的就是时间。

好的软件应用的初次的架构往往非常重要，架构就是一个应用，一个系统的骨架架构越好，应用的生命力、可扩展性、可维护性就越强。正如一棵树，根扎得越深，才有更大的可能长成参天大树。

好的架构一般会有以下几个特点，有一部分特点其实也被总结成了面向对象（OOP）设计模式的基本原则。

（1）单一职责：每个类或每段功能逻辑代码只做一件事。简单地说，流水线上的各道工序其实工人们都会，只是同时处理多道工序，效率低下不说，还会产生混乱，出了问题也不知道是谁的责任。一个产品的完成过程，实际被拆分成多道工序，每道工序由一位工人负责，他们只负责各自的工序。程序也是一样，职责单一，高内聚，低耦合，相互间影响小。

（2）开放封闭：某一个类或某段功能逻辑本身是封闭的工厂，在入口处输送原料，在出口处输出原料合成的成品或半成品，工厂内部怎么将原料变成成品或半成品外界不管，过程也不会受到外界的影响，此为封闭；它同时也需要和外界做沟通，外界要提供面粉和糖，也就是通过某些暴露的接口，以特定的规则传参，并完成这道工序需要完成的工作，此为开放。

（3）多级缓冲：好的架构往往有多层次、多级数的缓冲层或转发层，比如说数据库缓存、中间层、前端缓存等。当然，对于业务量、并发量小的场景，架构的选型可能偏向于单例应用。

在看一些较为良好的应用程序的源代码时会发现，很多程序好像只做了转发。它可能是多条接口的合并，也可能是多条单一查询（为了减少数据库的压力）后数据的转化。

数据库是很脆弱的，而数据库服务器又非常贵，基本很难看到让数据库"裸奔"的架构，可能在数据库之前有 Tomcat 的本地缓存，再往上，可能还有并发量抗性非常高的 Redis、缓存热点数据的 Nginx、前端的 localStorage 等。

即使是这样，主从架构的数据库有时候还是难以扛住过滤 99% 后剩余的 1% 的请求。因此通过程序转化数据的结构（这部分可以通过加服务器）或异步中间件，如 Node（得加内存），有时候也是在超大规模并发下的一种选择。

（4）规范约束：规定 Dao 层写 SQL，Serve 层写业务；规定最终的接口 JSON 格式数据外围多加一层格式化层；前端中最简单的、可能被多处应用的代码抽离成 common，前端三剑客分离，BEM 等。规范约束能提高开发效率，减少不同的人接手项目的难度。

（5）权限控制：不同的用户看到不同的内容。这时候就需要一个单独的模块来做这件事，这个就是权限控制。该权限可以是 root 权限、大众权限、一般权限、单点登录权限等。

12.2 良好的编码习惯

正如开章所讲，思维强于逻辑，逻辑强于代码。好的编码习惯在于思维，在于日常的积累，在于有意识地去做。

下面对比几种较差与较好的代码习惯，这里只列举几种较为典型的例子。

1. 少用 if 跟 else

采用 if 语句：

```
const fn0 = score => {
    if(score > 90) {
        console.log('A')
    }else if(score > 80) {
        console.log('B')
    }else if(score > 70) {
        console.log('C')
    }else if(score > 60) {
        console.log('D')
    }else{
        console.log(' 不及格 ')
    }
}
```

不采用 if 语句：

```
const fn1 = score => {
    score > 90 ? console.log('A') :
    score > 80 ? console.log('B') :
    score > 70 ? console.log('C') :
    score > 60 ? console.log('D') : console.log(' 不及格 ');
}
```

条件判断语句 if/else 很直观，用得很广泛，但当策略较多时，用 if/else 会比较臃肿，此时用三目运算符、策略池等方式都是比较不错的方式。

2. 符号位左右留空，如 =、+、-、*、/ 等

无空格看起来非常挤，非常密：

```
const getUrl0=()=>{
    let url=window.location.href,
        res={},
        arrUrl=url.match(/(?<=[\?&]).*?(?=[&]|$)/g);
    arrUrl&&arrUrl.map(item=>{
        res[item.split('=')[0]]=item.split('=')[1];
    });
    return res;
```

```
}
```

有空格看起来更加直观，何时做了何种操作更加明朗：

```
const getUrl1 = () => {

    let url = window.location.href,
        res = {},
        arrUrl = url.match(/(?<=[\?&]).*?(?=[&]|$)/g);

    arrUrl && arrUrl.map(item => {
        res[item.split('=')[0]] = item.split('=')[1];
    });
    return res;
}
```

3. 常量在前，表达式在后，避免空指针

如果判断类型的 typeof 表达式放前面，容易报空指针错误，特别是一些对象的 key，代码如下：

```
if ( typeof 'hello world' === 'string' ) {

}
```

如果表达式放后面，就不会出现上述情况。代码如下：

```
if ( 'string' === typeof 'hello world' ) {

}
```

4. 不要在某一个类或 function 中写过多功能，要拆分成多个小模块来做

如果全部合在一起，最终 getData0 这个函数上有百行代码：

```
function getData0 () {

    // 功能点 1，balabala.... 20 行代码
    // 功能点 2，balabala.... 20 行代码
    // 功能点 3，balabala.... 20 行代码
    // ...
}
```

拆分成多个小模块，getData1 只有 3 行代码：

```
function getData1 () {

    // 功能点 1，某个函数。
    fn1();
    // 功能点 2，某个函数。
    fn2();
    // 功能点 3，某个函数。
    fn3();
```

```
}

function fn1 () { //balabala... 20 行代码 }
function fn1 () { //balabala... 20 行代码 }
function fn1 () { //balabala... 20 行代码 }
```

这样不断地做拆分，总函数只做一次注册，代码清晰明朗。良好的代码习惯还有很多，比如语义化命名，减少全局变量，编写高重用性、复用性代码等。

⑫.3 代码重构

代码重构大多数情况是不得已而为之，因为重构对于用户来说可能还不如加一个功能点效果好。

什么时候适合重构，是完全重构还是只重构某些模块，重构时要注意什么，这些都值得我们思考，当然也有一些现成的思维模式与方法可以借鉴。

接手别人糟糕的代码是常有的事，每一次的改动都需要小心翼翼，在这种情况下，很多人更愿意重构，将功能、流程重新设计一遍。

重构很重要，一个软件应用一定有与它相对应的一系列业务需求在支撑。业务需求有变更或调整，如新增需求或删减需求，就需要做一次大的版本升级与架构。当然，不是所有的需求变化都要在软件系统中实现。总的来说，软件要适应需求的变化，以保持自己的生命力。

通过重构可以将臃肿的系统进行重新整理，将系统的可维护性提高到新的高度；可以通过新的 UI 界面简化操作流程，维持更好的体验；可以引入新技术、新架构，使软件应用不断地适应新的需求与变更。

代码重构何时进行？当维护团队叫苦连天、客户不满足于旧版 UI、应用发展到较为平稳的阶段、没有过快增长的业务需求时，就可以启动代码重构了。当应用面临重大的业务变更，或者架构不满足于日益扩张的业务需要（如并发量、性能等）时，代码重构也是必然的选择。

当然有时候，代码重构并不会等到那么紧迫的地步才会开始，团队人员的技术水平足够，有一定的空闲时间，公司对代码质量又要求较高时，也可以进行模块级的重构。

一般情况下，某产品 1.0 版本会有一个大的变化，后续的 1.1、1.2、1.2.1 等版本可能只是小部分的功能扩充与 bug 修复，当产品变成了 2.0 版本的时候，又会有很大的变化，代码重构也有可能在这些版本有大变化的时候做。

重构需要做的事情很多，多数情况下是推翻重来，但这个推翻不是从零开始，而是在参考原有设计的基础上，以更好、更优雅的代码替代原有冗余、低效的代码，以更人性化的设计替代原有的设计。

制订更好、更全面的开发规范，使代码风格统一，利于多人协作开发与维护；优化原有的架构，使程序的脉络更加清晰，出问题时定位问题更加迅速；优化性能，如优化 SQL、优化接口响应速度、优化前端渲染等；界面流程简化，UI 重做，使程序界面风格焕然一新，提高用户黏度。

重构的成本实际上并不小，一些较大的公司，应用或产品的重构一般都会让产品经理牵头，由比较有经验的开发人员负责，他们无论是在技术上还是对业务的理解上都很有经验，考虑问题会较为全面，代码的伸缩性、健壮性也会很高。

如果公司较小，缺乏一位产品经理做业务上的统帅，也没有一位能力很强的技术负责人把关，那么重构可能就要注意很多问题了。

12.4　开发效率与性能间的权衡

生活中不缺乏事情完成得又快又漂亮的人，但对于同一个人或同一个团队来说，用的时间不同，打磨出来的软件产品也是不一样的，也许外表看起来接近，但可能从功能设计上，可维护性上，或者一些细节上，都会有很大的不同。测试的时间短也会导致应用不稳定、bug 率增加等问题。

举一个简单的例子，同样渲染的某一个区域，渲染的数据既可以在前端硬编码成字典，也可以后台写死在数据库，同时还可以动态地添加与查询。这些不同的方式工作量是不一样的，硬编码很快，效率高，因为没做联调，虽然页面上看真看不出区别，但应用的延展性、可复用性及数据流走向都会有问题。

在某种前提条件下，开发效率与性能之间是存在矛盾的，难以在有限的条件下达到开发效率与性能的双完美。开发效率与性能两者之间该偏向哪一方呢？相信每一位产品经理和技术负责人都会偏向于后者，宁愿花更多的时间来打磨，以达到更好的用户体验，也不愿制作出有瑕疵的产品。

通常一些大公司对产品各方面的要求都是非常高乃至苛刻的，任何体验上的瑕疵都是无法忍受的，他们可以花很长的时间、花很大的成本来完成他们的目标，做出的产品最终形态都会比较好。

很多中小型企业成本负荷上限较低、抗风险能力较弱，本身的运营与开发成本已经非常高，如果继续在短期内看不到明显产出的性能优化上投入大量资源，就会心有余而力不足。如果他们有了新想法，但为了更好的性能、更好的设计而使开发周期延长，错过最佳发布周期，那么等到市场热度已过或大型公司入驻，他们再去抢占市场就非常困难了。

尽管大环境如此，但我们还是有很多事情可以去做，我们可以先解决一些比较紧急的问题，比如那些影响用户体验、影响用户使用，以及用户最关心的问题。这个过程所耗费的工作量可以从其他较边缘功能区抽取。简单来说就是先解决用户最"痛"的一点或几点，再解决其他问题。

可以从统一规范、解决过的问题、方案做文档输出，减少各种对接成本、明确开发人员等方面提高开发效率。

两者最终的权衡还需根据实际的业务需要做调整，但只需要记住一个目标：在有限的资源条件下，让产品做得更好。

第13章　性能优化案例分析

由于大型的综合性能优化较难，我们直接通过一些小案例来做具体分析。每个小案例多数只能从某方面做优化，所以本章希望通过一些常见的典型网站或应用所采取的方案与措施的简要分析，来看看优秀的前端工程师们是通过哪些方案进行优化的。

本章主要涉及的案例分析有：

- 优化某搜索网站；
- 优化某电商网站；
- 优化某门户网站。

13.1　某搜索网站的优化

https://www.baidu.com，该网站的网址我们很熟悉。网站界面其实很简洁，只有一个搜索框，一个按钮。这样的网站，访问量和并发量奇高，有时一个看似简单的资源请求，可能就是给服务器集群一份压力，这时候的性能优化就极其重要了。

打开 Chrome 浏览器的开发者工具，选择 Performance 性能面板，可以看到这样如图 13.1 所示的界面，有一个页面重载的按钮。

图 13.1　性能分析面板

接下来单击页面重载按钮，会弹出整个页面重载后的性能分析报告，如图 13.2 所示。报告内容包括各个阶段与流程所需的时间、在整体时间轴上的占比等，使我们对整个网页各个位置的信息都了然于胸。

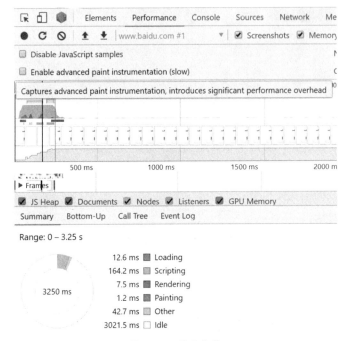

图 13.2　页面重载

调节上方的拖条，可以将不重要部分去除，如图 13.3 所示。

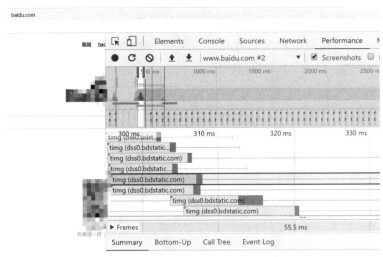

图 13.3　显示各个资源的详细信息

这时可以看到，除了此网站域名之外，还有不少图片来自 ss1.bdstatic.com 的静态资源域，如图 13.4 所示。

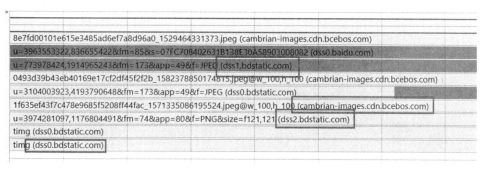

图 13.4　分多域名取资源

　　这就是我们要讲的第一个问题——分多域名取资源。前面章节一直反复强调，浏览器本身是有并发请求限制数的，限制的前提就是同源，不同源的情况下并不受限。几乎所有大公司在性能优化上都会分域名储存资源，并且静态资源有单独的区域来存储。

　　然后再看 ss1.bdstatic.com，会发现它的资源加载很快，这得益于 CDN，CDN 加速就可以提升打开该网站时的加载速度。

　　CDN 的代理其实不只在 ss1.bdstatic.com，我们还可以在 Sources 面板发现很多类似的域名和站点，如图 13.5 所示。

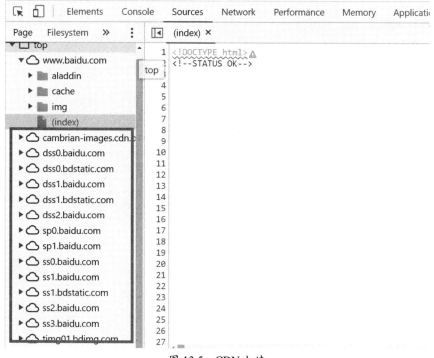

图 13.5　CDN 加速

接下来看 NetWork 面板总的资源请求数，如图 13.6 所示。针对不同的终端，如 PC 端、手机端，该网站做了一个大、中、小图片的方案处理，这显然是一个合适的应用和性能优化方案，达到了物尽其用的目的。

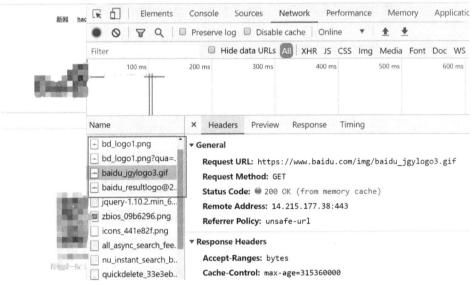

图 13.6　大、中、小图片方案

既然是搜索引擎，就会有搜索历史，搜索历史对于提升用户体验也非常重要，那这方面百度是怎么做的？我们随便输入一些东西作为测试，重新打开百度，此时你曾经输入的东西就会显示出来。

打开 NetWork 面板，先清空原来的各个请求，接下来每聚焦一次百度的输入框，该位置就会出现一个请求，打开这个请求后，该请求就是你的输入历史，如图 13.7 所示。

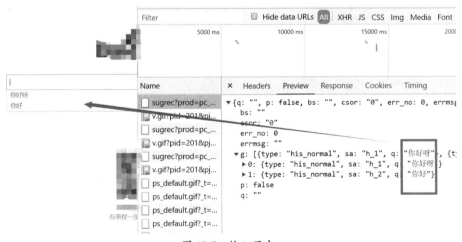

图 13.7　输入历史

　　输入历史是存放在该网站服务器上吗？假设是存放在服务器上，此时用户每聚焦一次输入框，服务器就多了一条请求的压力，假如有上亿的用户量，每个用户一条请求，对于服务器集群来说就是1亿条,假如都是请求服务器,服务器的压力与最终的硬件成本得多高？

　　此时，打开一下 Application 面板，看一下 LocalStorage，你会发现一个有趣的情况，如图 13.7 所示。

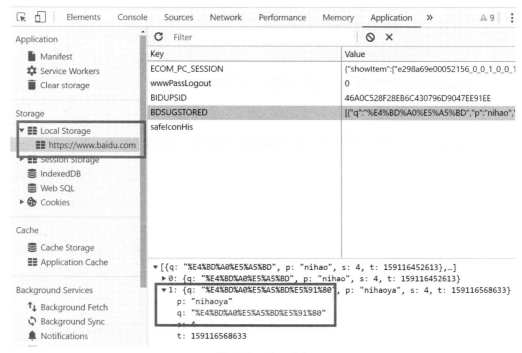

图 13.8　输入历史

　　放大一些看，如图 13.9 所示。

```
▼[{q: "%E4%BD%A0%E5%A5%BD", p: "nihao", s: 4, t: 159116452613},…]
  ▼0: {q: "%E4%BD%A0%E5%A5%BD", p: "nihao", s: 4, t: 159116452613}
      p: "nihao"
      q: "%E4%BD%A0%E5%A5%BD"
      s: 4
      t: 159116452613
  ▼1: {q: "%E4%BD%A0%E5%A5%BD%E5%91%80", p: "nihaoya", s: 4, t: 1591165686
      p: "nihaoya"
      q: "%E4%BD%A0%E5%A5%BD%E5%91%80"
      s: 4
      t: 159116568633
```

图 13.9　LocalStorage 储存的信息

　　这些内容看起来像是乱码，其实不是，这种状态是 URL 导致的。我们到某个格式化网站上格式化看看，或者直接在控制栏通过 decodeURIComponent() 方法来转译，如图 13.10 所示。

仔细观察会发现，这些就是刚刚的搜索历史，这也是该网站做的第四个优化方面：LocalStorage 缓存。一个网站性能好不好，关键就是看负责这个网站的工程师对缓存的设置。LocalStorage 显然是优化中的一种，其凸显的思想是客户端资源的重要性。

图 13.10　URL 信息格式化

对于一个应用来说，服务端的资源其实是有限的，不能毫无节制，我们要考虑能否利用客户端的资源做一些事情，减少事事都向服务器提要求而导致的服务器不堪重负的现象，LocalStorage 就是一个最直观的体现。

上面主要是用清空缓存来测试的，如果此时不清空缓存，直接刷新页面，你可以发现，有很多的请求如图 13.11 所示。

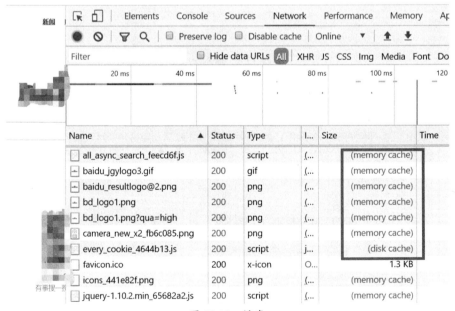

图 13.11　缓存

此时这些请求所花的时间几乎为 0，基本都是 0ms 和 1ms 等。我们可以发现有些请求来自于 memory cache，也就是内存缓存，有些是 disk cache，即硬盘缓存。当然这部分中有一部分是浏览器默认缓存机制的功劳，正是用到了 7.1.3 小节所提到的强缓存与协商缓存。

随意打开某个资源，可以看到该资源的请求头中的缓存设定，如图 13.12 所示。

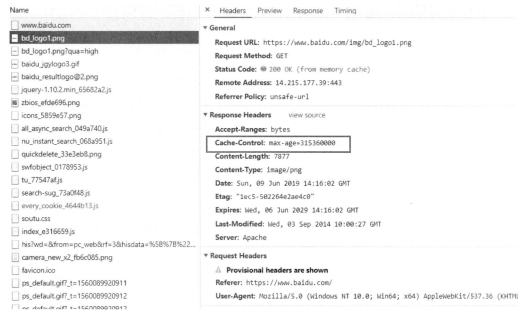

图 13.12　请求头缓存机制设置

这里利用了强缓存，尽管我们刷新了页面，但实际并未做任何资源的变动，所以请求的内容来自内存或硬盘，百度的服务器无须再次耗费精力为我们提供服务。绝大部分的请求根本就未发送到服务器上，这一点就使服务器的压力极大地减小，其实不只该网站，几乎所有的网站服务端都会这么做。

13.2　某电商网站的优化

再来看一下某知名电商网站 https://www.taobao.com/。我们对它的第一印象就是大而全，商品琳琅满目。这样的网站遇到的并发峰值显然是绝大多数网站难以想象的，在其数据库之前的缓存是非常多的，那么在前端方面能做何种优化？下面一起来看一下。

我们打开网站，如图 13.13 所示。先简单看一下它的 DOM 结构，看到一个框框圈出来的位置，你会发现这张图并不是一张需要请求资源的图，而是一张 base64 图片。

将 base64 字符串复制后，放入我们自己测试的 HTML 页面。由于 base64 的代码过于繁杂，这里就不贴代码，读者可自行尝试。

这就是淘宝做的第一个性能优化，通过 base64 减少请求数。CDN 加速和分多域名取资源同样也是必备的。接下来再做一次完整的页面重载性能分析，如图 13.14 所示。

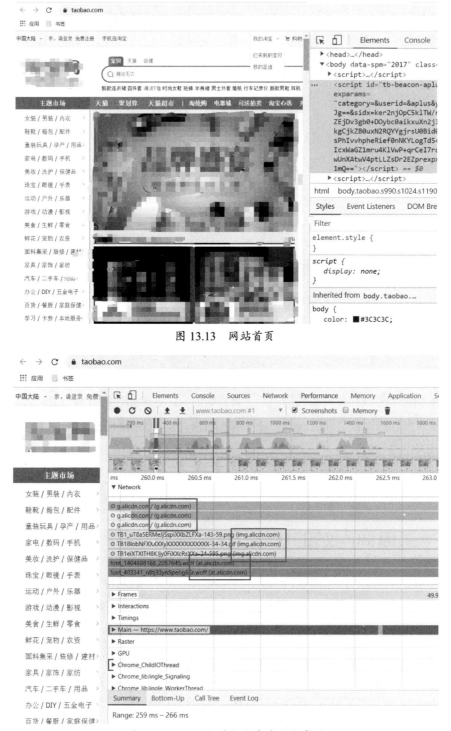

图 13.13　网站首页

图 13.14　CDN 加速与分多域名取资源

该网站的特点是商品很多，每种商品或分类都有各自对应的图片。图片通常很大，需要足够的流量与网络带宽才能保证用户体验，此时一次性加载整站的图片显然是不明智的，那么该如何处理的？

一个最简单的方法就是懒加载，即先用一张很小的图代替，当页面滚动栏滚至对应位置时再选择性加载出来。做一下测试，可以发现往下滚动一小段，就会有新的请求发出，并有新的图片加载出来，如图 13.15 所示。

在网络不好的情况下，你可能会看到一些类似骨架屏的外观，即只占位置，但该位置是空白的，这在一定程度上影响了用户体验，但相比于首屏渲染时要等待的几十秒甚至更久的方式，显然这样的方式是更好的选择。

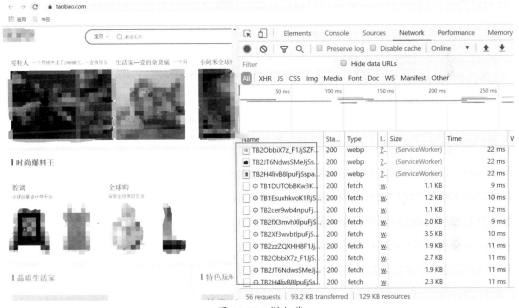

图 13.15　懒加载

除了懒加载之外，从图片分布上看，也可以看出这些图片其实都有专门的图片服务器存储，而数据库或缓存中储存的仅仅是一串 URL，这样在读取资源时就可以大大减少读取的数据本身的大小，最终既减小了主服务器集群的负担，又提高了整站性能和用户体验。

同时，图片服务器还可以对其做专门的优化，进一步提升速度。我们随意抓取某一个数据包，看看数据包里的是图片文件还是一串 URL。如图 13.16 所示，可以看到数据包中储存的仅仅是一串 URL。

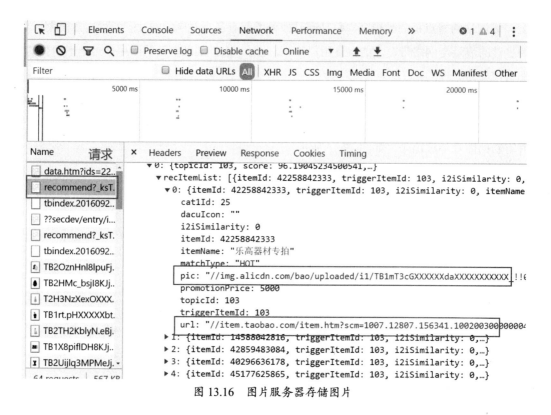

图 13.16　图片服务器存储图片

另外，你还可以在请求列表中看到很多 Service Worker，如图 13.17 所示。这就是 11.4.2 小节提的 PWA 渐进增强离线存储技术。我们打开某网站之前，先关掉网络，会发现有些页面还是能照常访问，并且将各个商品展示出来，这就是离线缓存应用。

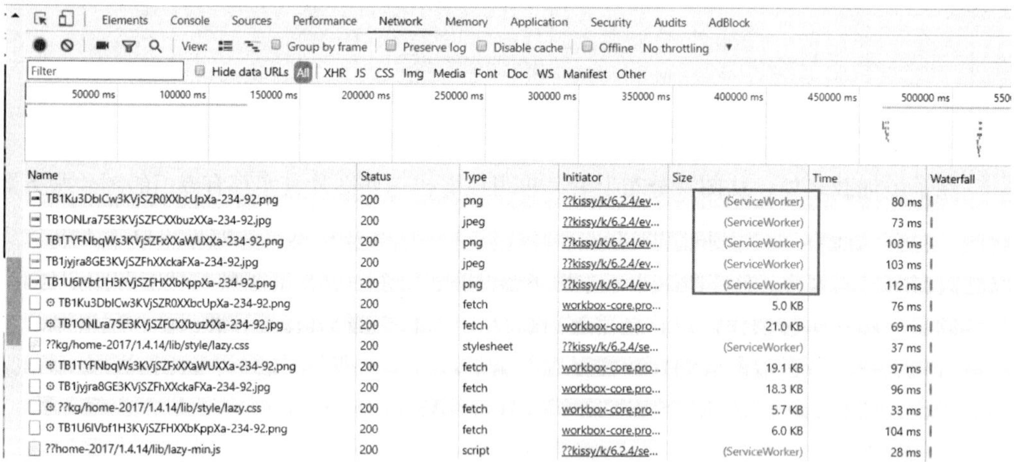

图 13.17　PWA 离线缓存

接下来，我们滑动如图 13.18 所示区域的导航。

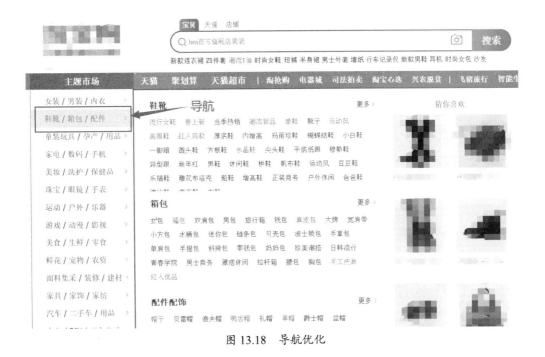

图 13.18　导航优化

我们会发现，第一次滑动时，可以在 NetWork 面板看到各种资源的请求，如数据、内侧的小图片等。第二次滑过相同位置时，则不再有请求发出，这在很多 Web 应用中很常见，其实就是前端 JavaScript 代码做了变量缓存，这在很大程度上减轻了服务器的压力。

这种按需加载的方案在该网站中体现得淋漓尽致，我们看到的大部分界面，一开始其实只是一个空壳，只不过添加了一个触发事件，也许是用鼠标滑入的方式，也许是用单击的方式，如图 13.19 所示。

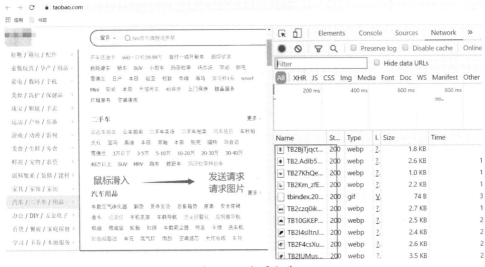

图 13.19　按需加载

一些看似简单的图标，其实都是一块很大的功能区，如飞猪旅行、保险等。这里只是抽取了其中部分的核心功能或核心业务，作为链接放在那里，那里应该也有与飞猪、保险、阿里影业等的跨部门接口联调。

在此网站中我们可以看到，很多地方有一个"换一换"的按钮，如图 13.20 所示。

图 13.20　换一换按钮

单击之后，只有这一处区域的内容变更了，一处区域的变动，不会引起外层大 DOM 节点的重排与重绘。这其实就是目前所有网站都会用到的技术——分区域异步 Ajax 无刷加载，即将整个页面拆分成一个一个的单独区域，并将每个区域的外层 DIV 盒子固定宽高，防止页面重排、重绘。这样只需变更一小部分的数据，看到多少，就加载多少，而不是每次整个页面重新刷新。

同时，也由于 Ajax 是异步的缘故，不会导致线程锁死，其实 Ajax 的诞生在 Web 的历史上是一个极大的推动点，让 Web 的应用体验达到了一个新的高度。

其实，该网站还有很多细节上的优化，但主要的一些方式如缓存、CDN、多域名、静动资源分离等都已提及，同时也涉及一些细节，所以本节就分析这些。

13.3　某新闻网站的优化

https://www.sina.com.cn/ 网站是国内较大的几家门户网站之一，它并非只有微博、财经股票、新闻资讯、科技体育等，而是几乎涉及了所有领域的资讯。这个网站是如何做性能优化的，又有什么值得借鉴的优化方案。下面一起看一看。

打开网站的首页，可以看到分门别类的各类资讯与热点信息，以及最新、最热的新闻等，如图 13.21 所示。

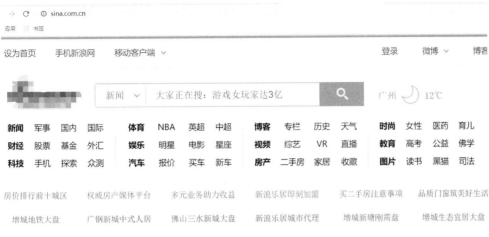

图 13.21 网站首页

其实网页中的每个栏目分类与每条资讯信息都是超链接和 a 标签，如图 13.22 所示。

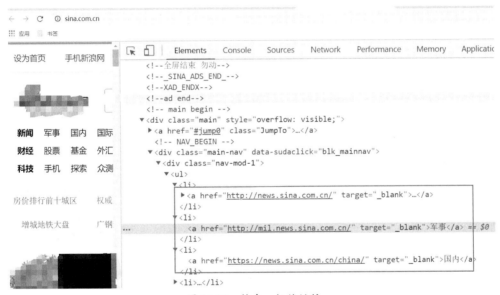

图 13.22 静态 a 标签链接

这种门户网站其实可以是一个静态网站，甚至页面的链接都可以直接写死，当然先通过某个数据源读取之后再加载也是没问题的，一个静态的 a 标签链接加载比其他的各种资源型的加载快得多。

如图 13.23 所示，我们可以看到界面有一些图标，图标虽小，但还是需要占用请求资源，下面看一下如何做这方面的优化。

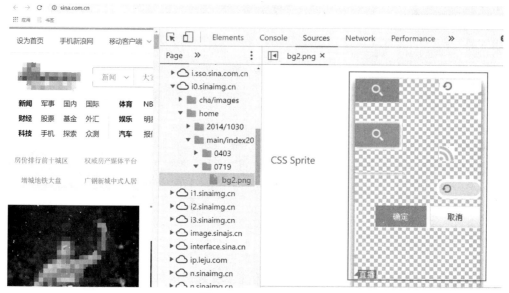

图 13.23　CSS Sprite

　　打开其中的股票链接，新开一个选项卡，按【F12】键，清空 NetWork 面板，此时很快就能发现定时刷过来的几个数据包，以及每个数据包都显示出来的几条不同的数据，如图 13.24 所示。

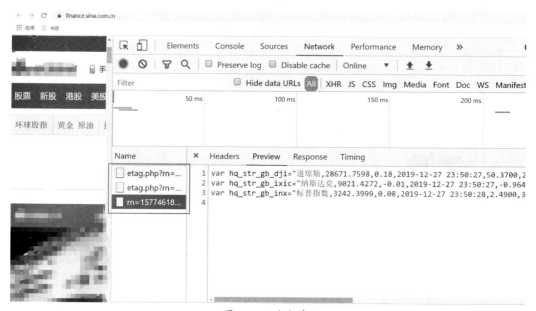

图 13.24　数据包

　　再看看它的请求，如图 13.25 所示。

图 13.25　请求

可以看到它采用的仍然是传统的 keep-Alive，也就是长链接形式。由于有新数据时就会返回结果，股票信息的实时性是可以保证的。这里还设置了 no-cache，也就是不缓存，每次都是从服务器重新获取数据。这里跟其应用场景有关，股票信息除了实时性，更重要的是准确性，在服务端获取可以更好地保证数据的准确性。

因为 WebSocket 的机制是服务器有新消息到来才会推送过来，是不定时的，此时回到主页稍等片刻，就可以发现两条带有 ws（WebSocket）前缀的请求数据推送过来了，查看一下这个请求的详情，可以看到 WebSocket 这些应答。整个服务器关于这一块的信息就做了一次 TCP 握手，无须在后续的请求里再次经历握手流程，可以一定程度上的提升性能，如图 13.26 所示。

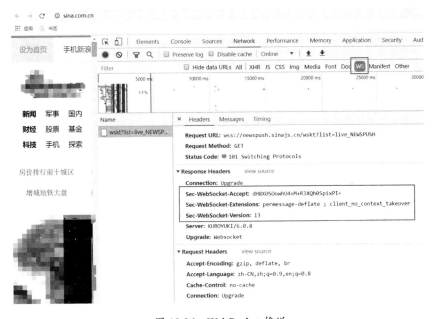

图 13.26　WebSocket 推送

当然此网站由于是门户网站的性质，在技术上通常不会特别新，但兼容性会较好，其后台目前还是采用 PHP 模板的方式直接渲染页面，也可以看到不少用 Jsonp 的方式处理跨域的情况。